ATTILA ALBERT

ICH BRAUCH KEINEN PURPOSE, SONDERN GELD

So finden Sie den Job, der wirklich zu Ihnen passt

REDLINE | VERLAG

ATTILA ALBERT

ICH BRAUCH KEINEN PURPOSE, SONDERN GELD

So finden Sie den Job, der wirklich zu Ihnen passt

Bibliografische Information der Deutschen Nationalbibliothek:
Die Deutsche Nationalbibliothek verzeichnet diese Publikation in der Deutschen Nationalbibliografie; detaillierte bibliografische Daten sind im Internet über http://d-nb.de abrufbar.

Für Fragen und Anregungen:
info@m-vg.de

Wichtiger Hinweis
Ausschließlich zum Zweck der besseren Lesbarkeit wurde auf eine genderspezifische Schreibweise sowie eine Mehrfachbezeichnung verzichtet. Alle personenbezogenen Bezeichnungen sind somit geschlechtsneutral zu verstehen.

1. Auflage 2024

Türkenstraße 89
D-80799 München
Tel.: 089 651285-0

Redaktion: Monika Spinner-Schuch
Umschlaggestaltung: Marc Fischer
Umschlagabbildung: Adobe Stock/Login
Satz: ZeroSoft, Timisoara
Druck: CPI
Printed in the EU

ISBN Print 978-3-86881-970-0
ISBN E-Book (PDF) 978-3-96267-598-1
ISBN E-Book (EPUB, Mobi) 978-3-96267-599-8

Wir produzieren nachhaltig
www.m-vg.de

Weitere Informationen zum Verlag finden Sie unter

www.redline-verlag.de

Beachten Sie auch unsere weiteren Verlage unter www.m-vg.de

INHALT

VORGESPRÄCH

Ist es überhaupt noch erlaubt, einen Job anzunehmen, weil man das Geld braucht, nichts Besseres gefunden hat oder die Kita für die Kleinen so praktisch in der Nähe liegt? Glaubt man den Arbeitgebern, geht das inzwischen gar nicht mehr. Schon im Bewerbungsschreiben sollte man stattdessen mindestens behaupten, dass man »eine neue Herausforderung« suche, besser gleich einen persönlichen »Purpose« (Zweck) anführen: ein hochtrabendes, weltveränderndes Ziel, wie es heute jede Stellenanzeige einfordert. »Mit Kreativität und Leidenschaft die Zukunft mitgestalten« ist da noch das Minimum. Wer wirklich vorn dabei sein will, steigt gleich ganz groß ein: »den Planeten retten«, »die Welt neu denken«, »Teil einer Mission sein«, »Nachhaltigkeit, Vielfalt und Inklusion leben«. Welcher Kleingeist traut sich da noch, seinen Wunsch nach einem ganz normalen Job anzumelden, weil er* Rechnungen bezahlen, deswegen Geld verdienen muss?

Ein Bewerber muss heute darauf vorbereitet sein. Auf eine aufgeblasene, aber inzwischen völlig normale Frage wie »Warum wollen Sie unbedingt bei uns arbeiten?« können Sie nicht mehr einfach antworten: »Weil ich eure Ausschreibung gesehen habe und dachte, ich probiere es mal. Es klingt ja wirklich nicht schlecht, und ich könnte mit meinem Profil

---

* Dieses Buch ist in klassischem Deutsch verfasst, also im generischen Maskulinum. Diese grammatikalische Form meint weder nur Männer noch werden Frauen »mitgemeint«. Es spezifiziert gar kein biologisches Geschlecht, sondern ist darauf bezogen neutral.

ins Team passen.« Sagen Sie stattdessen: »Weil ich mir nichts Spannenderes vorstellen könnte! Selbst meine Beziehung kann ich eigentlich gegen die Vorstellung vergessen, hier im Großraumbüro täglich neue E-Mails zu tippen und Excel-Listen auszufüllen. Ich habe nie geglaubt, dass Träume wahr werden können, aber jetzt bin ich kurz davor – Wahnsinn! Dabei bin ich nur froh, dass ihr auch darauf achtet, dass euer CO_2-Ausstoß rückläufig ist. Sonst käme das hier für mich gar nicht infrage, man hat ja schließlich auch ein Gewissen.«

Die Unternehmen geben sich derzeit eben hoch idealistisch – als wäre es für jeden eine besondere Ehre, an ihrem edlen Werk mitzuwirken, und eigentlich ziemlich egoistisch, sich dafür auch noch bezahlen lassen zu wollen. Inzwischen hat praktisch jeder CEO die große Weltverbesserung ausgerufen, und wir kennen auch alle die salbungsvollen Beiträge von ehemaligen Konzernvorständen und heutigen NGO-Beratern, die nach ihrer ersten Millionenabfindung erkannt haben, »was im Leben wirklich wichtig ist«. Es geht jedenfalls nicht mehr darum, die eigene Stromrechnung bezahlen, den ewig überzogenen Dispo ausgleichen oder wieder einmal mit der Familie in den Urlaub fahren zu können. Stattdessen könnten Sie selbst eine einfache Sachbearbeiterstelle mit Tarifgehalt als hervorragende Gelegenheit verstehen, »die Gesellschaft zu transformieren«, notfalls auch gegen deren Willen, die Regenwälder in Südamerika zu retten, weil das die Leute dort selber nicht können, oder »einen strukturellen Kulturwandel« im Team anzustoßen, obwohl die Kollegen eigentlich bereits genug zu tun haben und dringend davon verschont werden wollen. Aber das kann man nicht hinnehmen.

Es gibt viel zu tun, und daher ist die kecke Empfehlung von selbst fast noch minderjährigen »Gen-Z-Consultants« auf LinkedIn nur folgerichtig, dass man gar nicht erst mit regulärer Erwerbsarbeit beginnen solle. Bei ihnen habe es, dank Papas monatlichem Zuschuss, schließlich auch geklappt. Sie würden stattdessen vorbildlich »ihre Bestimmung leben« und durch altkluge Postings »einen Unterschied machen«. Wer da noch morgens ins Büro, in die Produktionshalle oder hinter die Ladenkasse geht, muss sich unweigerlich fragen: Leiste ich damit überhaupt meinen gesellschaftlichen Beitrag – oder verschenke ich damit auch noch persönlich wertvolle Chancen, eventuell sogar die besten Jahre meines Lebens?

»Purpose« ist doch nur der Zuckerguss

Die Realität der Arbeitswelt sieht natürlich anders aus. Das wissen Arbeitgeber wie -nehmer, auch wenn sie sich in den Ausschreibungen, Bewerbungen und im Vorstellungsgespräch allerlei gegenseitig vormachen. Auf die einfallslose Standardfrage »Wo sehen Sie sich in fünf Jahren?« sollten Sie heute nur eben keinesfalls mehr ehrlich antworten: »Auf Ihrem Sessel oder beim nächsten Arbeitgeber, wenn ich bis dahin nicht befördert worden bin.« Behaupten Sie stattdessen: »In einer besseren Welt – für die Kinder und alle Menschen –, und ich hoffe, dass wir sie gemeinsam erschaffen können.« Dem zukünftigen Chef und der HR-Managerin wird ein gerührter Glanz in die Augen treten, auch wenn sie selbst wissen, dass es für alle wieder darum gehen wird, die ambitionierten Finanzziele des Vorstandes zu erreichen – und das inmitten einer stagnierenden Wirtschaft und bei heimlich längst geplantem Stellenabbau.

»Purpose« ist der Zuckerguss; der Kuchen, der verteilt wird, hat weiterhin die Grundzutaten Umsatz und Gewinn. Das ist nicht einmal schlimm. In der Belegschaft kommt auch keiner allein aus Idealismus oder Spaß an der Freude zur Arbeit, sondern zuerst einmal, weil es dafür Geld gibt, das man für allerlei Notwendiges braucht. Der amerikanische Psychologe Abraham Maslow hat schon 1943 festgestellt, dass zuerst die Miete und das Essen bezahlt sein müssen, ehe man in höhere Sphären aufsteigen, sich »selbst verwirklichen« und »die Welt ein wenig besser machen« kann. Der notorisch sozialkritische Dramatiker Bertolt Brecht – »erst das Fressen, dann die Moral« – meinte dasselbe, drückte es nur gröber aus: Erst die Grundlagen aufbauen, dann dem »Herzensbusiness« widmen und den Planeten retten.

Erkennen, was Sie beruflich antreibt

Leider äußern sich, wenn es um berufliche Sinnfragen geht, heute vor allem die Idealisten und Heuchler, nur selten die 90 Prozent der Arbeitnehmer, die zuerst an Einkommen und Sicherheit denken müssen, aber dennoch auf ihre Weise sinnvoll arbeiten wollen. Denn natürlich will keiner enden wie die Enttäuschten, die – zermürbt von den unbefriedigenden Berufsjahren – jeden Morgen aus dem Fenster schauen und verbittert feststellen: »Kein Wunder, dass die Vögel singen, die müssen schließlich auch nicht zur Arbeit.«

Bei keiner Berufstätigkeit geht es ausschließlich ums Geldverdienen, denkt man einmal genauer darüber nach. Immer gibt es weitere persönliche Motive, die ebenso handfest und bedeutsam sind. Mancher schätzt seinen Chef und die Teamkollegen so sehr, dass er dafür in Kauf nimmt, dass der Job inzwischen langweilige Routine geworden ist. Andere sind jeden Tag froh, dass ihnen der Arbeitgeber mit einem Betriebskindergarten und flexiblen Arbeitszeiten entgegenkommt. Dafür akzeptieren sie ohne größere Reue, dass es mit den Karrierechancen nicht weit her ist. Sie hätten, ehrlich gesagt, aktuell sowieso weder Zeit noch Nerven dafür. Wieder andere ziehen Gewinn daraus, dass ihre Arbeit als hilfreich und wichtig betrachtet wird – und nehmen dafür in Kauf, dass das Gehalt nur mäßig ist. Denn rechnet man in Gesamtkosten, ist das Einkommen immer nur ein Faktor von mehreren.

Um all die unterschiedlichen Motive, eine neue Stelle anzunehmen oder die bisherige zu behalten, und wie Ihr Entscheidungsprozess ablaufen kann, geht es in diesem Buch. Es vergleicht acht Job-Motivatoren (u. a. Geld, familiäre Vereinbarkeit, Team, Karrierechancen, Sinnhaftigkeit) und soll Ihnen helfen, für sich herauszufinden, was Sie antreibt. Es ist keine Berufsberatung dafür, welche Branche am besten zu Ihnen passt, sondern soll Ihnen helfen, den Arbeitgeber und die Stelle zu finden, die Ihnen entspricht. Gehen Sie es durch, um systematisch zu überprüfen, welche Aspekte Ihnen in Ihrer aktuellen Lebens- und Karrierephase wichtig sind, was Sie vermissen oder zukünftig anders angehen wollen. In jedem Kapitel finden Sie praktische Tipps, um so zu arbeiten, wie es Ihren Lebensvorstellungen und Werten entspricht.

Kennen Sie Ihre wahren Motive und Prioritäten, suchen Sie zielgerichteter nach einem passenden Arbeitgeber, argumentieren authentisch in Ihrer Bewerbung und müssen sich beim Vorstellungsgespräch nicht verstellen. Perfekt ist es nirgendwo, aber manches passt eben doch besser zu Ihnen als anderes. Sollten Sie selbst Mitarbeiter führen, zeigt Ihnen das Buch die Bandbreite an Motiven im Team: warum Menschen eine Stelle antreten und dass jeder Mitarbeiter seine Berechtigung hat und für das Unternehmen wertvoll sein kann.

Eigenen Sinn finden, nicht aufdrängen lassen

Dies ist bereits mein drittes Buch im Redline Verlag. In *Ich will doch nur meinen Job machen* (2022) ging es darum, dass Sie am Arbeitsplatz nicht immer gleich die Welt retten und mit allen befreundet sein müssen. *Sorry, ihr nervt mich jetzt alle!* (2023) zeigte Ihnen, wie Sie mit Nervensägen im Job umgehen, ohne selbst den Verstand zu verlieren. Dieses Buch will Sie dabei unterstützen, genauer darüber nachzudenken, warum Sie – über den notwendigen Gelderwerb hinaus – arbeiten, was Sie wirklich interessiert und beschäftigt.

Es ist kein Plädoyer gegen sinnerfüllte Arbeit, sondern dafür, einen persönlichen Sinn darin zu finden, anstatt sich etwas aufdrängen oder einreden zu lassen. Häufig ist er wesentlich individueller und konkreter als eine »globale Initiative«, die vor allem auf PowerPoint und in PR-Artikeln stattfindet.

Wie seine Vorgänger ist dieses Buch humorvoll gehalten. Denn Lachen ist der erste Schritt zur Selbsterkenntnis, eventuell lautet sie: »Mich regt derzeit eigentlich alles auf. Ich glaube, ich bin durch meinen Job inzwischen so verspannt, dass ich schon deswegen wechseln müsste!« Auch mehr Spaß und Lebensfreude kann ein berufliches Ziel sein, etwa einem passiv-aggressiven Betriebsklima, intriganten Vorgesetzten oder Kollegen zu entkommen. Wie immer bedanke ich mich bei meinen Coaching-Klienten, deren Geschichte ich beispielhaft anonymisiert erzählen durfte.

Wenn es Sie nach Höherem drängt – Glückwunsch, machen Sie die Welt für uns alle ein bisschen besser! Wenn Sie aber nur einen Job wollen, weil Sie das Geld brauchen, sich spannendere Aufgaben oder nettere Kollegen wünschen, ist das ebenso gut. Damit verbessern Sie schon einmal Ihre eigene Welt, die auch nicht ganz unwichtig ist.

Attila Albert

WARUM JEDER JOB SEINEN SINN HAT

Auch wenn die Arbeitgeber aktuell die große Weltverbesserung ausrufen: Die Gründe, warum ein Job für einen persönlich sinnvoll ist, sind oft viel bodenständiger und pragmatischer – vom Einkommen bis zur nahen Kita.

Vielen Arbeitnehmern ist heute, blicken sie auf ihren beruflichen Werdegang zurück, völlig unverständlich, wie sie ihn bisher ohne die moralische Anleitung ihres Managements sinnvoll gestalten konnten. Wie viele Jahre haben sie verschenkt, in denen sie einfach nur zur Arbeit gegangen sind, um Geld zu verdienen, dafür ihre Aufgaben zu erledigen und vielleicht noch gelegentlich ein Schwätzchen mit den Kollegen zu halten! Doch die Zeit der reinen Erwerbsarbeit ist vorbei, auch Selbstverwirklichung ist inzwischen zu wenig. Längst geht es darum, am Arbeitsplatz die großen Themen unserer Zeit anzupacken – und davon sind *Female Leadership, Gender Equality* und *Neurodiversity im Team* nur Teilaspekte.

Wer heute die Karriereseite eines beliebigen größeren Unternehmens öffnet, wird über das aufgeklärt, was jetzt im Arbeitsleben wirklich zählt. »Vielfalt ist unsere Stärke«, bekennen dort sorgsam ausgesuchte Fotomodelle aller Hautfarben gegenüber denjenigen, die es immer noch nicht verstanden haben. »Wir setzen uns für Toleranz, Inklusion und Wertschätzung ein.« Da kann der Firmensitz in Elmshorn oder

Dinslaken sein, die Belegschaft damit vor allem aus Michaels, Stefans, Nicoles und Sandras bestehen: Die Selbstdarstellung ähnelt nun einer Benetton-Werbung aus den Neunzigern, dem Parteitag der Grünen oder dem Evangelischen Kirchentag. Zwingend abgebildet sein muss beispielsweise eine schwarze Schönheit im Afro-Look, vom Typ wie die amerikanische Black-Power-Kommunistin Angela Davis aus den Sechzigern, dazu eine streng blickende Asiatin – schwarzes Kostüm, weiße Bluse, schmale Brille, also mindestens Teamleiterin –, und eine Muslima, die so traditionell gläubig ist, dass sie mit Kopftuch ins Büro kommt, sich aber überhaupt nicht daran stört, dass auf derselben Seite ganzjährig der *Gay Pride* gefeiert wird, auf den zusätzlich Regenbögen im Logo hinweisen, damit es auch wirklich keiner übersehen kann.

Die Allianz, eigentlich nur Anbieterin dröger Versicherungen, muss ihren Bewerbern das ganze Jahr über mitteilen: »Es ist Pride Season, und das ist definitiv ein Grund zu feiern. Lasst uns zusammen die Welt bunter, fröhlicher und glitzernder machen!« Sie präsentiert ihr Geschäft jetzt, wie heute fast wortgleich jedes Unternehmen, als utopisches Werk an der Menschheit: »Wir machen uns stark für eine Zukunft, in der alle gleichermaßen gefördert werden – unabhängig von Geschlecht, Alter, sexueller Identität, Religion, Herkunft, kultureller Prägung oder geistigen und körperlichen Fähigkeiten.« Die Liste der weiteren Ziele ist lang, zwingend dazu gehört selbstverständlich auch: »Unsere Arbeit richtet sich an dem Ziel einer maximalen Erderwärmung von 1,5 Grad bis 2050 gemäß dem Pariser Klimaabkommen aus.«[1] Wer hier eine Lebensversicherung unterschreibt, rettet also den Planeten. Es ist, will man der derzeitigen Selbstdarstellung von Unternehmen glauben, überhaupt keine Handlung mehr denkbar, die nicht einen universellen, oft gleich globalen Einfluss hat.

---

1 Allianz Careers: *Bunter, als du denkst. Für uns - als Vorbild für alle,* Stand Mai 2024, https://careers.allianz.com/Deutschland/content/Bunter-als-du-denkst-/

Erklärte Weltverbesserung auf allen Gebieten

Meist ist der Ton jedoch nicht so versöhnlich, sondern eher kumpelhafter Agitprop. Bei der Telekom, die eigentlich auch nur Telefon- und Internetdienstleistungen anbietet, klingt das so: »Uns ist es wichtig, für das Gute einzustehen und dafür aufzustehen. Machst du mit? Lass uns gemeinsam mit entschlossener Stimme Stellung beziehen und aktiv eine Veränderung bewirken! Für Diversität, Inklusion und Gleichberechtigung. Und eine lebenswerte Zukunft in einer gesunden Umwelt.« Es folgen die Unterpunkte: »Respekt leben«, »Initiative zeigen«, »Einzigartigkeit fördern«, »Frauen gleichstellen«, »Verantwortung tragen« und »Nachhaltigkeit umsetzen«, damit im Weltverbesserer-Bingo kein Feld frei bleibt.[2]

»Laut und deutlich für Toleranz, Demokratie, Freiheit und Europa« will die Deutsche Bahn eintreten, die eigentlich mit pünktlichen, sauberen Zügen und einem ausgeglichenen Geschäftsergebnis schon mehr als genug ausgelastet sein müsste, »gegen Populismus und Spaltung – und pro Klimaschutz«. Gründe, hier zu arbeiten? Die Rubrik »Warum zur DB?« führt zu den Unterpunkten »Soziale Verantwortung«, »Grüne Transformation«, »Gleiche Chancen für Frauen«, »Vielfalt und Chancengleichheit«.[3] 2023 sei der Frauenanteil in der Belegschaft schon auf 23,6 Prozent gestiegen, 0,3 Prozent mehr als im Vorjahr.[4] Man könnte es auch anders ausdrücken: 74,6 Prozent der Arbeit erledigen bei der Bahn also weiterhin Männer, obwohl die Fotoauswahl auf der

---

2 Deutsche Telekom Karriere: *Werte leben, Wertschätzung erleben*, Stand Mai 2024, https://www.telekom.com/de/karriere/arbeite-bei-uns/lebe-kultur-und-werte

3 Deutsche Bahn: *Finde die Stelle, die zu dir passt*, Stand Mai 2024, https://db.jobs/de-de

4 Deutsche Bahn: *Immer mehr Frauen in Führung: So wird die Deutsche Bahn weiblicher*, 3. März 2023, https://www.deutschebahn.com/de/presse/pressestart_zentrales_uebersicht/Immer-mehr-Frauen-in-Fuehrung-So-wird-die-Deutsche-Bahn-weiblicher-10416994

Karriereseite das Gegenteil suggerieren soll. Aber es gibt Hoffnung: »In Kürze findest du hier wieder Diversity-Events.« Das freut auch die Reisenden, die sich das – wartend am schmuddeligen Bahnhof – schon oft gewünscht haben.

»Wir sind fest davon überzeugt, dass jede*r Einzelne einen wertvollen Beitrag leistet«, meint der Industriekonzern Siemens, 1847 gegründet, aber aktuell mit zeitgeistigem Gendersternchen. »Möchtest du auch Teil eines diversen Teams sein?«[5] Die Sana Kliniken haben ihren *Purpose* ebenso entdeckt und den Hashtag gleich mit: »Was zählt, ist Zusammenhalt. Was hilft, ist Vielfalt. #Diversity«: »Sana setzt sich für ein Arbeitsumfeld ein, das Vielfalt, Toleranz und Wertschätzung fördert.«[6] Der CEO ist selbstverständlich weiterhin ein 55-jähriger Betriebswirt mit grauem Haar, man will es mit der Buntheit ja nicht gleich übertreiben.

Ähnlich war es, als AXA Schweiz kürzlich verkündete, man habe »die Jobtitel abgeschafft«, sei also nun ganz egalitär und unkonventionell. Es hätte sofort als Widerspruch auffallen müssen, dass dies eine Personalchefin – offiziell: Leiterin Human Responsibility, Mitglied der Geschäftsleitung – mitteilte. Auf Nachfrage stellte sich heraus, dass es nur um zusätzliche Bezeichnungen wie *Director* und *Vice Director* ging und es weiterhin 13 Hierarchieebenen sowie 450 Jobprofile geben würde.[7] Die ausgerufene Revolution – Freiheit, Gleichheit, Brüderlichkeit im Konzern – fällt also erst einmal aus.

Selbst Parfüm-Influencer Jeremy Fragrance ist schon auf dem Sinn-Trip, was heißt, dass er langsam wieder am

---

[5] Siemens Jobs & Karriere: *Belonging Transforms,* Stand Mai 2024, https://www.siemens.com/de/de/unternehmen/jobs/arbeiten-bei-siemens/inklusion.html

[6] Sana Kliniken: *Unsere Vielfalt: Sanas Stärke,* Stand Mai 2024, https://www.sana.de/unternehmen/das-ist-sana/vielfalt

[7] NZZ am Sonntag: *Du-Kultur, agile Teams, keine Chefs: New-Work-Ideen sind so beliebt wie noch nie – aber meist doch nur PR,* 14. Januar 2024, https://www.nzz.ch/wirtschaft/new-work-ideen-sind-so-beliebt-wie-noch-nie-aber-meist-doch-nur-pr-ld.1774202

Verduften ist: »Ich habe ein ziemlich krasses Mindset, und ich bin auch ethisch sehr geil unterwegs«, verkündete er im vergangenen Jahr auf dem Digitalkongress OMR Festival in Hamburg. »Du hast schon ein paar Learnings gedroppt«, dankte ihm der Moderator. »Was glaubst du, können Marken und Unternehmen von dir lernen?«[8]

Sie entscheiden, was Ihnen wichtig ist
Lösen Sie sich von dem Gedanken, dass es *richtige* oder *falsche* Motive dafür gibt, sich für eine bestimmte Branche, ein Unternehmen und eine Stelle zu entscheiden. Sie kennen Ihre Wünsche und Bedürfnisse am besten, wissen auch, was für Sie funktioniert. Das heißt nicht, dass Sie die erklärten Werte und Ziele Ihres Arbeitgebers nicht bedenken und in Ihrer Argumentation berücksichtigen sollen. Aber insgesamt muss es für Sie funktionieren, Sie sind schließlich auch derjenige, der am Ende damit arbeiten und leben muss.

Am Ende geht's auch den Arbeitgebern ums Geld

Die betriebliche Realität sieht vielerorts eher so aus wie das Beurteilungssystem, das der IT-Konzern Microsoft 2023 eingeführt hat: Es teilt die Mitarbeiter in vier Kategorien danach ein, ob sie die Erwartungen enttäuscht oder erfüllt haben – ohne aber, dass diese die Kriterien und ihre Einstufung erfahren. Sie sind nur den Managern zugänglich, die über Beförderungen, Gehalt und Prämien entscheiden – und darauf

---

[8] OMR: *Power, Baby! Wie Jeremy Fragrance das Attention Game gewinnt,* 10. Mai 2023, www.youtube.com/watch?v=sCUUJoDSPjE

achten sollen, dass es nicht zu viele Topbewertungen gibt, damit es für das Unternehmen nicht zu teuer wird.[9] Als eigene Grundwerte verkündet Microsoft: Respekt und Integrität – »Wir sind ehrlich, ethisch und vertrauenswürdig«.[10] Das muss man nun auch erst einmal zusammenkriegen.

Eine Freundin arbeitete für ein Start-up – Großraumbüro, überarbeitete, dafür unterbezahlte Mitarbeiter, die sich ersatzweise von »unserer Mission« begeistern ließen. Vor zwei Jahren wurde es an ein ausländisches Unternehmen verkauft, aber weder Eigenständigkeit noch Name oder Management sollten sich ändern, versprochen! »Unsere Mitarbeitenden sind schließlich unser wichtigstes Kapital«, schrieben die Gründer in ihrer Mitteilung, wie man das heute überall so sagt. Inzwischen ist das Start-up »voll integriert«, trägt den Namen des Käufers und hat ein neues Management. Viele Kollegen mussten gehen oder taten es freiwillig. Die Gründer sind Millionäre geworden, und das Team wird derzeit auf die nächste »Vision« eingeschworen, sie ist selbstverständlich wieder global. Wer ist nun naiv: Wer damals daran geglaubt hat oder wer es heute noch tut? Am Ende zeigt sich: Auch den Unternehmen geht es, oh Wunder, weiterhin ums Geld.

Kein Grund, sich zu rechtfertigen

Eigentlich könnte man all die amerikanische Weltverbesserungsprosa, die heute jedes Firmenprofil und jede Stellenanzeige verkleistert, auch gedanklich ausblenden und müsste

---

9 Business Insider Deutschland: *Geleakte Microsoft-Dokumente zeigen, dass Manager die Leistungen ihrer Mitarbeiter offenbar schlechter bewerten sollen, um höhere Gehälter zu begrenzen*, 21. September 2023, https://www.businessinsider.de/wirtschaft/microsoft-leak-wie-microsoft-mitarbeiter-rankings-beeinflusst

10 Microsoft: *Unsere Unternehmenswerte*, Stand Mai 2024,https://www.microsoft.com/de-de/about/corporate-values

sich für seine eigenen Prioritäten überhaupt nicht rechtfertigen. Was geht es den Arbeitgeber an, ob man wegen des Gehaltes, wegen der netten Kollegen oder aus Interesse an den Aufgaben kommt, solange man nur seinen Job ordentlich erledigt? Aber angesichts des moralischen Größenwahns in den Chefetagen kommt man verständlicherweise ins Zweifeln: »Verderbe ich mir nicht alle Chancen, wenn ich sage, was ich wirklich denke und will?«

Bald ist man in der Zwickmühle: Soll man zugeben, dass man den Job einfach braucht, weil der Kontostand beängstigend niedrig ist und alle bisherigen Bewerbungen erfolglos waren – oder trotzdem mindestens behaupten, dass man sich »weiterentwickeln« wolle? Darf man offen aussprechen, dass es einem vor allem darum geht, keine Überstunden machen zu müssen, um noch Zeit und Kraft für die Kinder zu haben, nicht darum, »sein Potenzial auszuschöpfen«? Dass man sich gar nicht »selbst verwirklichen« will, sondern einen geplanten Hausbau, und ganz bestimmt keinen Arbeitgeber sucht, der »wie eine Familie« ist, weil man nämlich schon eine hat, und einige gute Freunde dazu, also bereits gut versorgt ist?

Die Erwartungen sind ja eh schon völlig überfrachtet. Inzwischen greifen selbst diejenigen, die zur besonders geförderten Gruppe mit optionaler Blitzkarriere gehören, zur Flasche: »Erst zum Yoga, dann zur Arbeit, danach drei Gläser Wein – ist das normal?«, musste unlängst sogar der progressive *Tagesspiegel* fragen. »Junge, gut ausgebildete Frauen sind besonders gefährdet, viel zu trinken. Sie benutzen Alkohol, um ihren stressigen Alltag vergessen zu können.«[11] Dabei haben die meisten nicht einmal mehr Mann und Kinder, wenn man all die Projekte im Unternehmen nicht dazuzählen will.

---

[11] Der Tagesspiegel: *Frauen und Alkohol: Erst zum Yoga, dann zur Arbeit, danach drei Gläser Wein – ist das normal?*, 10. August 2022 https://www.tagesspiegel.de/gesellschaft/weiblicher-alkoholismus-erst-zum-yoga-dann-zur-arbeit-und-danach-drei-glaser-wein-ist-das-normal-8538871.html

Der Erfinder der *New Work* selbst, der österreichisch-amerikanische Philosoph Frithjof Bergmann (1930–2021), distanzierte sich von dem, was die Unternehmen unter diesem Begriff veranstalten. Er hatte sich neue kreative Freiräume für die Mitarbeiter vorgestellt, wenn die Technologie ihnen mehr abnahm, sodass sie in ihrer Freizeit vielleicht Bücher schreiben oder Kunstwerke schaffen könnten. Dass man ihnen Hoodies überstreifen und einen Kickertisch in der Ecke aufstellen, mehr Arbeit geben und die festen Arbeitsplätze zugunsten eines *Flex Desk* wegnehmen, die Mittagspause streichen und als *Learning Lunch* zum Meeting umfunktionieren würde, war nicht Teil seiner Vision. »Man macht vielerorts nur die Lohnarbeit attraktiver, sympathischer und netter«, sagte er gegen Ende seines Lebens enttäuscht. »Man kann auch sagen: Es ist Lohnarbeit im Minirock.«[12]

Die Ersten wollen verständlicherweise schon zur *Old Work* zurück: klare Hierarchien, Trennung von Berufs- und Privatleben, Chefs, die noch welche sind. »Hierarchien sind entlastend. Sie schaffen Klarheit, indem sie Grenzen setzen und genau definieren, was erwartet wird«, schrieb die Journalistin Lea Hagmann, Jahrgang 1995, in einem Meinungsbeitrag in der *NZZ am Sonntag*. »Das Freiheitsempfinden, das sagt mir meine Erfahrung, ist dann am größten, wenn es einen definierten Rahmen gibt.«[13] Schließlich hat inzwischen jeder gemerkt, dass die Beziehung zum Chef eher komplizierter wird, wenn mal »befreundet« und mal der klassisch untergeordnete Mitarbeiter sein soll, wie es gerade besser passt.

---

[12] Handelsblatt: *Warum New Work in deutschen Unternehmen nicht richtig umgesetzt wird*, 17. August 2019, https://www.handelsblatt.com/unternehmen/management/interview-mit-frithjof-bergmann-warum-new-work-in-deutschen-unternehmen-nicht-richtig-umgesetzt-wird/24899568.html

[13] NZZ am Sonntag Magazin: *Wir wollen echte Chefs, keine Kollegen*, 30. November 2023, https://www.nzz.ch/nzz-am-sonntag-magazin/wir-wollen-echte-chefs-keine-kollegen-ld.1778042

Die *Generation Z* enttäuscht die Hoffnungen

Die *Generation Z* – ungefähr zwischen 1997 und 2012 geboren, eine einheitliche Definition existiert nicht –, auf der viele Hoffnungen ruhten, stellt sich inzwischen als Enttäuschung heraus. Wie soll die viel beschworene *Selbstorganisation* auch funktionieren, wenn keiner mehr Verantwortung übernehmen will? Wie die 4-Tage-Woche bei vollem Lohnausgleich, wenn jetzt schon Arbeitskräfte fehlen, die sich nicht ständig krankmelden? Die Auflösung ist einfach und unspektakulär: Es gibt gar keine einheitliche *Generation Z. Sie* ist nur eine Traumvision älterer Angestellter, die heute unzufrieden in Unternehmen, Universitäten und Redaktionen sitzen und Berichte über sie verfassen, und – wie bei jedem Trend – haben sich sofort die Geschäftemacher angehängt. »Die 1928 vom Soziologen Karl Mannheim geprägte Annahme einer ›Generationeneinheit‹ ist nicht haltbar. Er postuliert das einheitliche Reagieren und Mitschwingen einer Alterskohorte durch gemeinsame, prägende Erlebnisse«, erklärt die deutsche Soziologin Katja Rost, Professorin an der Universität Zürich. »Die empirische Forschung kann die weitverbreitete Vorstellung, wie sich Generationen in ihren Einstellungen unterscheiden, nicht bestätigen.«[14] So verraten all die schwärmerischen Beiträge über die *Generation Z* vor allem etwas von den Sehnsüchten derjenigen, die sie verbreiten: mehr Geld, weniger Arbeit, mehr Lebenssinn und Zeit fürs Private. Diese Verklärung ist bereits so weit gediehen, dass die *Millenials*, zwischen 1980 und 1999 geboren und eben noch für ihre Smartphone-Obsession und ihren kindlichen Zukunftsglauben verspottet, sich nun als Hüter der klassischen Werte wie Einsatzwillen, Disziplin und Ordnung fühlen dürfen.

---

[14] Neue Zürcher Zeitung: *Sagenumwobene Generation Z,* 8. April 2024, https://www.nzz.ch/nzz-live-veranstaltungen/sagenumwobene-generation-z-ld.1824018

Jeder Job, der weiterhilft, ist sinnvoll

Dabei muss ein Job gar nicht all die utopischen Hoffnungen erfüllen. Er hat für die meisten Arbeitnehmer schon für sich einen Sinn – oft wesentlich bodenständiger und pragmatischer, als die Unternehmen heute argumentieren. Natürlich kann man sich viele Gedanken darüber machen, wie die Welt *ein besserer Ort* werden könnte, ob die *Klimakrise* weiterhin das drängendste Problem der Menschheit ist und wie sich *strukturelle Ungleichheit* beseitigen ließe. Zum Monatsersten kommt aber erst einmal der Vermieter und will die Miete sehen. Die Stadtwerke schicken die Stromrechnung, danach wollen die Versicherungen, das Nahverkehrsabo, die Lebensmittel und alles andere bezahlt sein. Schon hier ist ein Job sinnvoll, wenn er Ihre Existenz sicherstellt. Sie können damit selbst für sich sorgen und sind nicht darauf angewiesen, dass andere Sie finanziell unterstützen, seien es Verwandte oder der sogenannte Staat, also andere Steuerzahler. Das geht weit über den materiellen Aspekt hinaus: Ein eigenes Einkommen verschafft Ihnen Respekt und Würde, befreit Sie von ständigen Existenzängsten und der Scham, bedürftig zu sein.

Selbst wenn ein Job wahrscheinlich nur eine Zwischenlösung ist, verschafft er Ihnen eine wichtige Atempause. Sie haben »wieder etwas gefunden«, sind »erst einmal untergekommen« und haben eine neue Basis für Ihren nächsten Lebensabschnitt. Wer nach einem zermürbenden Konflikt beim früheren Arbeitgeber, nach langer Arbeitslosigkeit oder nach einer schwierigen Trennung wieder eine Stelle gefunden hat, erinnert sich, wie dankbar er dafür war. Dabei geht es nicht nur um eigene Bedürfnisse. Wer noch allein in einem WG-Zimmer wohnt, kommt mit wenig Geld aus. Wer für seinen Partner und die Kinder mitverdient, vielleicht zusätzlich andere Angehörige unterstützt, braucht wesentlich mehr. Ein Job, der es ermöglicht, finanziell für andere da zu sein, ist daher ebenso sinnvoll. Das gilt auch, wenn Sie Teile Ihres Einkommens für einen guten Zweck weitergeben, beispielsweise gelegentlich individuell anderen helfen oder spenden.

Andere Jobs befriedigen zwar nicht existenzielle Bedürfnisse, lösen aber grundlegende praktische Probleme. Wenn Sie beispielsweise wegen der Öffnungszeiten und Lage der Kita für Ihre Kinder nur zu bestimmten Zeiten und in einem bestimmten Stadtteil arbeiten können – dann ist eine Stelle, die das ermöglicht, bereits sinnvoll. Der Job mag nicht perfekt sein, ist in dieser Lebensphase aber die ideale Lösung für eine konkrete Herausforderung. Dabei denke ich beispielsweise an meine Mutter, die mit 48 Jahren eine sichere Position im öffentlichen Dienst kündigte, in der sie bis zur Rente hätte bleiben können. Aber sie wollte aus verschiedenen Gründen in eine andere Region des Landes ziehen. Sie fand dort zuerst nur eine Stelle, die hierarchisch tiefer als ihre bisherige angesiedelt, zudem auf ein Jahr befristet war. Aber es war eine sinnvolle Stelle, weil sie ihr den Übergang ermöglichte.

Was für einen beruflich sinnvoll ist, ändert sich sowieso immer wieder einmal. Ist nach der Ausbildung bzw. dem Studium vielleicht der Einstieg bei einem renommierten Arbeitgeber entscheidend, um gut in die Berufspraxis zu starten, verschieben sich später die Prioritäten. Vielleicht soll es nun ein Job sein, der einem Entwicklungsmöglichkeiten bietet. Nach der Heirat und Familiengründung sind dagegen ein höheres Einkommen und Sicherheit wichtig.

Man wird zudem ja auch klüger. Als Berufsanfänger freut man sich, wenn eine Stellenanzeige »kostenlos Obst, Kaffee und Wasser« verspricht. Mit mehr Erfahrung liest man das mit einiger Skepsis und denkt: »Dann zahlen sie also eventuell unter Tarif, und das soll der Ausgleich sein.« Das ist gar nicht unbedingt enttäuschter Idealismus oder gar Zynismus, sondern das Ergebnis eigenen Erlebens: Man weiß nun aus eigenem Erleben, wie Arbeitgeber ihre Schwächen kaschieren.

Generell gehören mehr Realismus und Pragmatismus zur persönlichen Reifung, und damit würde man auch manche frühere Entscheidung heute anders treffen. Häufiger blickt man später zurück und fragt sich bei gewissen beruflichen Stationen: »Was habe ich damals nur daran so toll gefunden?« Was einem sinnvoll erscheint, ändert sich nicht zuletzt zusätzlich durch die ständig neuen technologischen, gesellschaftlichen und kulturellen Trends und Moden, von denen sich manche durchsetzen, andere bald wieder abgelöst werden.

Herausfinden, was für Sie sinnvoll ist

Dieses Buch diskutiert die Sinnfrage pragmatisch und alltagstauglich, damit es Ihnen in Ihrem Alltag und auf Ihrem Weg weiterhilft, hält sich also nicht vor allem in Problembeschreibungen und Theorien auf. Denn wie oft können Ratgeber zwar sehr gut erklären, was »in der Gesellschaft« oder »im System« alles falsch läuft und wie es sein müsste, nur um am Ende festzustellen, dass dafür eine Revolution notwendig wäre, die wahrscheinlich ausfällt, weil viele gar keinen Bedarf dafür sehen. Stattdessen konzentrieren wir uns deshalb vor allem darauf, was unter den gegebenen Umständen möglich ist und Ihre berufliche Lage wirklich verbessern kann.

In den folgenden Kapiteln sehen wir uns dafür acht Job-Motivatoren gemeinsam an: Die Gründe, warum Berufstätige arbeiten, sich dabei für bestimmte Arbeitgeber und Stellen entscheiden. Was einem selbst lange fast zufällig erscheint, folgt nämlich doch bestimmten Motiven und Mustern. Für die einen steht das Einkommen im Vordergrund. Für andere ist es vor allem die Gelegenheit, sich Aufgaben zu widmen, die sie als spannend empfinden, oder mit Teamkollegen zu arbeiten, die sie schätzen – oder tatsächlich die Welt ein wenig besser zu machen, weil ihnen das ein Anliegen ist.

Die Reihenfolge der Job-Motivatoren orientiert sich an der Bedürfnispyramide, die der amerikanische Psychologe Abraham Maslow 1943 erstmals vorgestellt und 1970 erweitert hat.[15] Er sah als Basis menschlicher Anstrengungen *körperliche und sicherheitsbezogene Bedürfnisse* (z. B. Nahrung, Wärme, Unterkunft). Darauf folgen *soziale Bedürfnisse* (z. B. nach Familie, Freunden, Kollegen) und *individuelle Bedürfnisse* (z. B. nach Bestätigung, Erfolg). Abgeschlossen wird seine Gliederung durch den Wunsch nach *Selbstverwirklichung und -überwindung* (z. B. Kreativität, Sinnsuche). Maslow wollte damit nicht sagen, dass jedes Bedürfnis erst in dieser Reihenfolge vollständig erfüllt sein müsste, ehe das nächsthöhere angegangen wird, aber doch zumindest weitgehend abgedeckt.

Ebenso verhält es sich mit den acht Job-Motivatoren. Wenn Sie derzeit kaum wissen, wie Sie Ihre Rechnungen bezahlen sollen, oder sich nur selten mal ein Extra leisten können, wird der erste Job-Motivator, Geld, für Sie besonders bedeutsam sein. Aber das heißt nicht, dass die anderen – etwa Vereinbarkeit mit familiären Verpflichtungen, ein gutes Team oder eine interessante Aufgabe – für Sie bedeutungslos wären. Sie sind nur aktuell nachrangig, hier wären Sie eher bereit, bei Bedarf Zugeständnisse zu machen. Haben Sie dagegen bereits einen gewissen materiellen Status erreicht, denken Sie vielleicht an Job-Motivatoren wie Spaß oder Lebenssinn. Geld verdienen wollen und müssen Sie wahrscheinlich weiterhin, aber es ist für Sie nicht mehr der wichtigste Antrieb.

Gehen Sie alle Job-Motivatoren nacheinander durch, um systematisch zu vergleichen, wo Sie in den unterschiedlichen Bereichen gerade stehen – oder nehmen Sie sich einzelne vor, die Sie gerade besonders interessieren oder betreffen. Normalerweise ist nie nur ein Job-Motivator relevant, sondern eine Kombination aus mehreren. Vielleicht würden Sie intrinsisch

---

15 Maslow, Abraham H.: *Motivation und Persönlichkeit.* Rowohlt Verlag, Hamburg, 1981

manchmal lieber im Bett bleiben, brauchen aber extrinsisch das Geld. Dabei kann sich aber herausstellen, dass Ihr Job Ihnen auch sonst noch viel mehr bietet. Damit Sie sich aber nicht nur im Abwägen von Vor- und Nachteilen aufhalten, was fast immer dazu führt, dass Sie »erst einmal«gar nichts unternehmen, diskutieren wir immer auch Prioritäten: Was Ihnen so wichtig ist, dass Sie dafür Unbequemlichkeiten oder sogar kalkulierte Risiken auf sich nehmen würden.

Reflektieren, was Sie persönlich sinnvoll finden

»Wer sein Leben sinnvoll findet, erachtet es als stimmig, erlebt sich als bedeutsam und blickt über sich selbst hinaus«, meint die Psychologin Tatjana Schnell, Professorin für existentielle Psychologie an der MF Specialized University in Oslo (Norwegen). »Die Person merkt: Es ist nicht egal, ob ich da bin, mein Dasein hat Konsequenzen.« Sie hat 26 Sinnquellen definiert, darunter Leistung, Engagement, Tradition, Liebe und Spiritualität. Wer sein Leben als sinnvoll und damit lohnenswert empfinde, würde länger und gesünder leben, da er mehr auf sich achte und besser mit Stress und Leid umgehen könne.[16] Bevor Sie beginnen, mit diesem Buch zu arbeiten: Überlegen Sie einmal kurz, was Sie in Ihrem Berufs- und Privatleben als sinnvoll empfinden. Notieren Sie es sich, wenn Sie mögen.

---

[16] Neue Zürcher Zeitung: *Sinnerfüllte Menschen leben gesünder,* 27. April 2024, https://www.nzz.ch/wissenschaft/wer-sinn-in-seinem-leben-sieht-ist-gesuender-und-gluecklicher-ld.1821172

JOB-MOTIVATOR 1: GELD – VERDIENEN, WAS IHNEN ZUSTEHT

Beim Einkommen geht es um mehr, als das Notwendige bezahlen und sich gelegentlich ein angenehmes Extra wie eine Urlaubsreise leisten zu können. Es drückt in seiner Höhe auch aus, ob Ihre Leistung gesehen und anerkannt wird.

Wichtig ist Geld bekanntlich vor allem denen nicht mehr, die genug davon haben. »Die finanzielle Seite ist nicht alles«, sagt sich am leichtesten, wenn das Konto gut gefüllt ist und man nebenbei noch ertragreiche Aktien- und Zinsanlagen hat. »Man darf nicht nur an das Materielle denken« ist vor allem richtig, wenn das eigene Haus bereits steht und davor noch ein Auto. Auch viele Unternehmen haben sich heute die Erwartung zu eigen gemacht, dass man über seinen weltlichen Wünschen stehen sollte und die Bezahlung deshalb nicht das wichtigste Motiv sein kann. Dadurch trauen sich Bewerber kaum noch, den wahren Grund für ihr Interesse auszusprechen: »Ich bin nicht mehr jung, aber ich brauche das Geld.«

Sie würden sich auch lieber der Familie und ihren Hobbys widmen oder die Welt erkunden, aber der Kontostand empfiehlt: Wenn reisen, dann zur Arbeit. Wenn einige von ihnen ins Onlinebanking schauen, denken sie: »Das kann finanziell hinkommen, ich muss nur noch vor dem nächsten

Monatsersten im Lotto gewinnen.« Wer hat aber auch nicht schon gelegentlich, wenn morgens der Wecker klingelte, gespürt, dass er eigentlich für ein anderes Leben geschaffen wäre? Als Millionenerbe könnte man sich endlich den höheren Dingen – Wohltätigkeit und Belehrung der Ärmeren – widmen, anstatt noch froh sein zu müssen, dass man eine mäßig bezahlte *Lower-Management-Stelle* ergattern konnte.

Wer gut verdient, fühlt sich bestätigt

Für die meisten Berufstätigen sind finanzielle Notwendigkeiten weiterhin der wichtigste Grund, warum sie arbeiten. »Wenn ich das Geld nicht bräuchte, würde ich zu Hause bleiben oder etwas ganz anderes machen«, ist ihre Überzeugung. Tatsächlich sind nun einmal all die Kosten des täglichen Lebens zu bezahlen – monatliche Miete bzw. Immobilienkredit, Nebenkosten und Strom, Telefon und Internet, Versicherungen, Lebensmittel. Alles davon wird zudem ständig teurer. Daneben wünscht sich jeder seine Annehmlichkeiten – Friseur, Sportstudio, moderne Kleidung und aktuelles Handy, Netflix- und Spotify-Abos, Restaurant- und Barbesuche, Urlaube. Alles das kostet, und zwar ständig. **So heißt der erste Job-Motivator: Geld.** Neben dem direkten Nutzen, nämlich das Notwendige und Wünschenswerte bezahlen zu können, drücken sich für die meisten in der Einkommenshöhe auch die Anerkennung und Bestätigung des Arbeitgebers aus. Es ist damit auch eine Quelle des persönlichen Selbstwertgefühls, des Stolzes auf die eigene Bedeutung und Leistung.

Keine ständigen materiellen Sorgen

Wer deutlich zu wenig verdient, wird von ständigen finanziellen Sorgen zermürbt. Jeden Monat wieder: Werde ich die Miete und die Stromrechnung pünktlich bezahlen können?

Was tun, wenn die Waschmaschine kaputtgeht? Wovon kaufe ich nur Geburtstagsgeschenke für die Kinder? Das führt, wenn es nicht reicht, zu beklemmenden Abhängigkeiten: Man muss sich Geld von der Bank, von Verwandten oder Freunden leihen, ist gar auf staatliche Hilfe angewiesen. Aber auch ein Einkommen, das zwar die Existenz sicherstellt, für die eigene Leistung jedoch subjektiv zu niedrig ist, frustriert, weil es als ungerecht und demütigend empfunden wird.

Dass zu viel Geld ein Problem darstellen kann, wird den meisten dagegen erst verständlich, wenn sie diese vermeintlich begehrenswerte Situation erreicht haben. Es ist tatsächlich angenehmer, keine existenziellen Sorgen mehr zu haben, sich etwas leisten zu können. Aber dann setzen oft irrationale Verarmungsängste ein: Verliere ich nicht bald wieder, was ich mir erarbeitet habe, kann ich es mir überhaupt noch leisten, weniger zu verdienen? Oft sind die Lebenshaltungskosten – wegen wachsender Ansprüche – wirklich überproportional gestiegen. Statt finanzielle Freiheit zu genießen, ängstigt man sich im »goldenen Käfig«. Hätte eigentlich viele Möglichkeiten, traut sich nun aber nicht mehr, sie zu nutzen.

Immer wissen, was Sie aktuell verdienen

Erstaunlich viele Berufstätige könnten gar nicht auf Anhieb sagen, was sie verdienen. Üblich ist dafür die Angabe des jährlichen Bruttoeinkommens inklusive aller Zulagen. Sie finden es auf der jährlichen Lohnsteuerbescheinigung Ihres Arbeitgebers, wenn Sie angestellt sind, ansonsten in jedem Fall auf Ihrer letzten Steuererklärung. Benutzen Sie, wenn Sie Ihr aktuelles oder gewünschtes Gehalt nennen wollen (z. B. im Anschreiben einer Bewerbung), ausschließlich diese Form, keine Monats- bzw. Nettoangabe.

Voll berufstätig, aber finanziell immer knapp

Beim Job-Motivator Geld denke ich an meine Klientin Mirjam, die als Sachbearbeiterin im Kundenservice eines Industriekonzerns arbeitete. »Ich bin als Praktikantin eingestiegen und war froh, als ich nach einem Jahr einen richtigen Vertrag bekommen habe«, erzählte sie. »Dadurch habe ich deutlich mehr verdient, aber erst später gemerkt, dass es im Vergleich zu anderen immer noch wenig war.« Sie bildete sich im Lauf der Jahre mehrmals weiter und übernahm zusätzliche Aufgaben, erhielt aber nur einmal einen kleinen Zuschlag. »›Besser als nichts‹, dachte ich damals und hoffte, dass das nur der Anfang war. Aber später hieß es immer, dass ich ja selbst wüsste, wie die Lage ist, und dass die Firma ebenso kämpfen müsse.«

Sie hatte sich mit ihrem Gehalt eingerichtet, auch wenn es recht bescheiden war. »Aber es frustriert und ärgert mich, dass ich bei jedem Extra überlegen muss, ob ich mir das leisten kann.« Zudem sorgte sie sich mit Blick auf die Zukunft: »Ich habe zwar ein paar Ersparnisse, aber nur, weil ich etwas von meiner Mutter geerbt habe. Das ist zwar noch auf dem Konto, wird aber jedes Jahr weniger. Mal brauchte ich eine neue Waschmaschine, mal wollte ich einen Sprachkurs besuchen. Von meinem Einkommen wäre das nicht drin.«

Mehrmals hatte sie Anlauf genommen, um eine Gehaltserhöhung auszuhandeln, war aber entweder vertröstet oder direkt abgewiesen worden. »Ich müsste eine klare Ansage machen, dass ich ansonsten kündige und weg bin«, meinte sie. »Aber das traue ich mich nicht. Da fehlen mir wieder das Selbstbewusstsein und die Konsequenz, ich habe das nie gelernt.« Aber sie war auch auf ihren Arbeitgeber wütend: »Unsere Chefs wissen, was jeder verdient. Ich finde, sie haben die Verantwortung, dafür zu sorgen, dass es gerecht zugeht.«

Einige Male hatte das Unternehmen, das tatsächlich an einem schwachen Gewinn litt, in größerer Zahl Stellen gestrichen. Da war Mirjam ihr niedriges Gehalt plötzlich wie ein Vorteil vorgekommen: »Ob ich hier bin oder nicht, spielt für das Unternehmen finanziell gar keine Rolle«, meinte sie und klang dabei fast trotzig. »Sie müssten erst einmal jemanden finden, der für so wenig Geld meine Arbeit erledigt.«

Doch nachdem sie bereits sechs Jahre bei ihrem aktuellen Arbeitgeber war, wollte sie das nicht länger hinnehmen: »Lange war ich froh, überhaupt irgendwo untergekommen zu sein. Deshalb habe ich mich nie getraut, deutlich mehr zu fordern und ansonsten konsequent zu sein.« Aber seit die Kollegen immer wieder ihre Arbeit und ihren Einsatz gelobt hatten, fühlte sie sich bestätigt und ermutigt: »Das muss sich auch in meinem Einkommen zeigen. Für mich ist es eine Frage der Anerkennung, aber ich habe auch genug davon, dass bei mir das Geld ständig knapp ist.«

Gerecht geht es beim Einkommen nie zu

Eine ganze Generation von jüngeren Berufstätigen hat die Empfehlung gehört, sie müsse nur »tun, was sie wirklich liebt«, um finanziell erfolgreich zu werden. Vor allem amerikanische Karrieregurus und ihre hiesigen Nachahmer sind gut darin, derartige Märchenweisheiten glaubhaft zu vermitteln, natürlich nicht gratis. Viele Handwerker, Kraftfahrer und Krankenschwestern haben erst dadurch verstanden, warum sie so viel weniger verdienen als Formel-1-Fahrer, Fußballstars oder Popsängerinnen. Ihr *Mindset*, also ihre Einstellung, stimmt nicht, möglicherweise haben sie das höhere Gehalt auch noch nicht ausreichend *manifestiert*, sich also erträumt, auf dass es wahr werde. Unter *monatlich sechsstellig skalieren* fängt man da am besten gar nicht erst an.

Aber auch klassenkämpferisch veranlagte Zeitgenossen – meist Mitglieder der sogenannten *Zivilgesellschaft*, also von freigiebigen Milliardären und Staatszuschüssen bezahlt – haben häufig ihre Mühe mit den Mechanismen der Marktwirtschaft. Beim Einkommen geht es überhaupt nicht *fair und gerecht* zu, das ist die komplett falsche Kategorie. Viel verdient, wer anderen dabei hilft, viel zu verdienen; selbst ein reguläres Gehalt ist sozusagen eine verdeckte Form der Umsatzbeteiligung. Ebenso verdient viel, wer als Einzelner nur schwer zu ersetzen ist. Daher hat ein Chefarzt eventuell mehr als fünf Sprechstundenhilfen. Es liegt nicht daran, dass er so lange studiert hat, sonst wären auch all die Germanisten und Kunstgeschichtler mit 30 Semestern Einkommensmillionäre und nicht *wissenschaftliche Hilfskräfte.*

Anderen beim Geldverdienen zu helfen, also in einer ertragreichen Branche tätig zu sein, und ein einzigartiges Profil zu haben, sind also die Grundzutaten für selbst verdienten Reichtum. Das heißt jedoch nicht, dass sich alle Handwerker in einen Rennwagen setzen sollten, alle Kraftfahrer zu einem Fußball greifen und alle Krankenschwestern zu einem Mikrofon, um hoffentlich bald auf TikTok entdeckt zu werden. Denn *Reichtum* ist bei beruflichen Entscheidungen dann doch für die wenigsten das wichtigste Ziel. Viele andere Motive – die Job-Motivatoren in diesem Buch – sind den meisten Berufstätigen am Ende wichtiger, und dann reicht ein vernünftiges, angemessenes Gehalt vollkommen.

Man braucht sich die Lage deshalb überhaupt nicht schönzureden: »Immerhin müsste ich schon jetzt auf der Forbes-Liste der reichsten Menschen stehen, wenn auch bisher nur auf Platz 7,2 Milliarden.« Oder sich ins Philosophische flüchten: »Die besten Dinge im Leben sind sowieso unbezahlbar, meine Wohnung gehört wohl auch bald dazu.« Wer mehr – oder sogar außergewöhnlich viel – verdienen will, muss einen besonderen sportlichen Ehrgeiz entwickeln, darum zu kämpfen. Das geht nie ganz ohne Schrammen und Beulen ab, ist aber der einzige Weg zur Goldmedaille.

Klären, welches Gehalt wirklich angemessen wäre

Vielfach wissen Berufstätige jedoch nicht einmal sicher, welches Einkommen für ihre Position und Leistung angemessen und damit einforderbar wäre. Zwar gibt es Anhaltspunkte, etwa die Tarifverträge oder Gehaltsvergleiche der Branche. Aber individuell darauf berufen kann man sich nur begrenzt. Zudem ist dieses Thema für viele hoch emotional besetzt, beispielsweise mit Empörung über vermeintliche Ungerechtigkeit, mit Scham, wenn sie sich als unter- oder überbezahlt empfinden – oder mit der Angst, zu wenig zum Leben zu haben oder das Erreichte wieder zu verlieren. Das führt nicht selten zu einem gedanklichen und argumentativen Zickzackkurs: Man möchte nicht unverschämt oder gar gierig erscheinen, sich aber ebenso nicht ausnutzen lassen. Bei der Verhandlung möglichst viel fordern, sich damit aber nicht selbst aus dem Rennen werfen. Der Ausweg liegt darin, sich genauer zu informieren und die eigene Beziehung zu Geld zu klären und anschließend entsprechend zu handeln.

Angemessene Vergütung erwarten

Nennen Sie schon im Bewerbungsschreiben einen ambitionierten Gehaltswunsch und lassen ansonsten spätestens im Vorstellungsgespräch erkennen, dass Ihnen ein hohes Einkommen wichtig ist, ernten Sie damit meist Unverständnis. Viele Arbeitgeber folgern daraus, dass Ihnen der Arbeitsinhalt und das Team dann wahrscheinlich nicht so wichtig sind, auch wenn sie sich da möglicherweise völlig irren. Zudem befürchten sie, dass andere Sie mit mehr Geld später schnell wieder abwerben könnten. Schon stehen Sie als Egoist mit zweifelhafter Loyalität da. Manches Unternehmen empfindet sich da als moralisch überlegen, da es ja im eigenen Selbstverständnis an den höheren Dingen interessiert ist. Nebenbei kann es so ein unspektakuläres oder tatsächlich zu geringes

Gehaltsangebot mit einem stillen Vorwurf schönreden: »Wer die Aufgabe wirklich will, kann unmöglich so aufs Geld fixiert sein.« Auf einmal müssen Sie sich dafür rechtfertigen, dass Sie etwas verlangen, dass man eigentlich Ihnen hätte anbieten müssen, auch ohne dass Sie es erst einfordern.

Gehen Sie als Gegenstrategie wie selbstverständlich davon aus, dass Ihre Leistung – entsprechend der Aufgabe und Verantwortung – angemessen vergütet wird. Das gibt Ihnen Selbstsicherheit im Gespräch: Sie erbitten keinen Gefallen, sondern erwarten das Normale. Schon im Vorfeld sollten Sie sich über die branchenüblichen Gehälter und die Finanzlage des Unternehmens informieren, Letzteres über Pressemeldungen oder die veröffentlichte Jahresbilanz. Nennen Sie Ihren Wunschbetrag, begründen Sie ihn keinesfalls mit persönlichen Bedürfnissen, etwa den gestiegenen Lebenshaltungskosten, sondern immer mit der Stelle: »Angesichts der Aufgabe und Position scheinen mir jährlich etwa (Jahresgehalt in brutto) angemessen.« Nehmen Sie Ihr aktuelles Gehalt als Basis, könnten Sie insgeheim rund zehn Prozent aufschlagen und selbstbewusst behaupten, dass Sie aktuell so viel verdienen und das deshalb als »Verhandlungsbasis« sehen.

Flexibilität nur gegen Verbindlichkeit

Wird bei Ihrem aktuellen oder gewünschten Arbeitgeber – oder generell in der Branche – unterdurchschnittlich bezahlt, liegt die Entscheidung bei Ihnen, ob Sie das hinnehmen wollen. Ist Ihnen ein gutes Einkommen sehr wichtig, könnten Sie versuchen, einen schrittweisen Anstieg auszuhandeln: Sie kommen jetzt für weniger Geld, als Sie eigentlich erwartet hatten – aber nur gegen die Zusage, dass es später steigen wird (wenn z. B. eine höher angesiedelte Stelle oder zusätzliches Budget frei wird). Ihr anfänglicher Verzicht sollte dann maximal ein Drittel betragen und die spätere Erhöhung bereits mit Zeitpunkt – im Normalfall innerhalb von maximal 1,5 Jahren – und Umfang vereinbart werden. Lassen Sie sich nicht auf vage Versprechen ein (»Arbeiten Sie sich erst einmal ein, dann reden wir wieder«). Solche Zusagen werden später regelmäßig vergessen oder bestritten, und Sie haben, sind Sie erst einmal angestellt, meist eine schlechtere Verhandlungsposition. Stellen Sie fest, dass Sie grundsätzlich andere finanzielle Erwartungen haben und ein interner Aufstieg nicht möglich ist, hilft oft nur ein Wechsel des Unternehmens oder sogar der Branche, auch wenn der Abschied schwerfällt.

Lernen, das eigene Gehalt zu verhandeln

Möglicherweise müssen Sie einräumen, dass Sie eine Mitverantwortung dafür haben, dass Sie nicht so viel verdienen, wie Sie sich vorstellen. Sie haben einen Berufsweg gewählt, bei dem kein besonders hohes Einkommen zu erwarten ist, haben anfangs nicht genug gefordert, sich später zu lange nicht getraut, abwimmeln oder vertrösten lassen. Es bringt Sie dann nicht weiter, sich weiter über sich selbst zu ärgern oder auf andere wütend zu sein. Beschäftigen Sie sich stattdessen damit, wie Sie zukünftig besser herangehen und verhandeln (z. B. in einem Kurs oder Coaching). Sprechen Sie beispielsweise grundsätzlich von einer »Gehaltsanpassung«: Sie haben Ihre Leistungen ausgebaut, deshalb wollen Sie ein entsprechend höheres Gehalt. Fordern Sie mindestens 5 bis 10 Prozent mehr, damit es sich nach Abzug von Steuern und Abgaben überhaupt lohnt. Bis zu 15 Prozent sind möglich, wenn Sie z. B. Ihrer Firma viel Geld eingebracht oder gespart haben. Üben Sie vorab, mit welchen Argumenten Sie der erwartbaren Ablehnung, dass das »derzeit leider überhaupt nicht geht«, antworten wollen. Wer eine direkte

Zusage erwartet, geht im Normalfall mit unrealistischen Vorstellungen in eine Gehaltsverhandlung. Sie ist ein Wettstreit der Argumente und Optionen, der im besten Fall mit einem Kompromiss ausgeht, mit dem beide mehrere Jahre gut leben können, bei dem manchmal aber auch einer klar gewinnt.

Für die Tätigkeit angemessen bezahlt

Dass Sie in Bezug auf den Job-Motivator 1, Geld, an der richtigen Stelle arbeiten, erkennen Sie daran, dass Sie angemessen verdienen. Ihr Einkommen entspricht Ihrer Tätigkeit und Leistung. Auch Ihr bisheriges Lebenswerk, Ihre Erfahrung und Ihr Verhandlungsgeschick sind berücksichtigt. Wegen dieser individuellen Faktoren ist es normal, dass selbst Kollegen mit der gleichen Tätigkeit unterschiedlich verdienen, das ist nicht »ungerecht«. Mit dem, was Sie verdienen, können Sie bei einer Vollzeittätigkeit Ihre Lebenshaltungskosten decken und sich gelegentlich etwas leisten, das darüber hinausgeht. Wie viel mehr es sein soll, ist eine sehr individuelle Entscheidung zwischen »könnte immer mehr sein« und »mehr brauche ich gar nicht«. Im Idealfall prüft Ihr Arbeitgeber selbst regelmäßig, ob Ihr Gehalt noch angemessen ist, und bietet Ihnen, ist das nicht mehr der Fall, von sich aus eine Erhöhung an. Sprechen Sie ihn ansonsten an, finden Sie eine Lösung, die für beide akzeptabel und machbar ist.

Mehr Gehalt nach Branchenwechsel

Meine Klientin Mirjam begann nach unseren Gesprächen, sich mindestens einmal pro Woche anderswo zu bewerben, um eine besser bezahlte Stelle zu finden. Tatsächlich wurde sie von einigen Unternehmen eingeladen, hatte aber bald den

Eindruck, dass diese mit ähnlichen wirtschaftlichen Problemen wie ihr aktueller Arbeitgeber kämpften und deshalb auch nicht wesentlich mehr zahlen könnten. Daher probierte sie es verstärkt in anderen Branchen. Schließlich bekam sie ein Angebot von einem Softwareunternehmen, in deren Kundenservice zu wechseln, sogar als Teamleiterin mit drei unterstellten Mitarbeitern. Das angebotene Gehalt lag fast 50 Prozent über ihrem bisherigen, ohne dass sie verhandeln musste. Sie sagte direkt zu. Als sie bei ihrem aktuellen Arbeitgeber die Kündigung einreichte und damit begründete, dass sie sich finanziell verbessern wolle, gab sich ihr Chef erstaunt: »Warum haben Sie denn nichts gesagt? Darüber hätten wir doch reden können.« Mirjam wollte zunächst scharf antworten, hielt das aber für unklug. Stattdessen erklärte sie, dass es für sie sowieso Zeit für »eine neue Herausforderung« war. Ihr Leben wollte sie mit dem höheren Einkommen gar nicht groß verändern, sich nur ein neues Rennrad – ihre private neue Leidenschaft – zulegen und wieder mehr sparen. Aber sie empfand ihr Einkommen nun endlich als angemessen.

Mit Argumenten statt Gefühlen

Die Unternehmensberatung McKinsey wertete kürzlich eine Million Lebensläufe aus und stellte fest: Wer freiwillig und ambitioniert seinen Job wechselte, konnte sein Gehalt im Schnitt sogar um ein Drittel steigern. Man musste dafür jedoch regelmäßig wechseln, ambitioniert und mutig immer wieder auch die eigene Komfortzone verlassen.[17] Freiwillig zahlt kaum ein Arbeitgeber mehr. Rechnen Sie immer zuerst mit einem Appell an Ihr Mitgefühl (»Wir sind gerade in einer ganz schwierigen Lage!«) oder eine kühle Absage (»Sie können froh sein, dass Sie

[17] Handelsblatt: *Mit einem Jobwechsel ein Drittel mehr Gehalt: Wie Sie Ihr Lebenseinkommen erhöhen,* 17. Juni 2022, https://www.handelsblatt.com/karriere/gehaltserhoehung-mit-einem-jobwechsel-ein-drittel-mehr-gehalt-wie-sie-ihr-lebenseinkommen-erhoehen/28397020.html

noch so viel bekommen wie bisher«). Selbst glatte Erpressungen kommen vor: »Sie haben Kinder, Ihr Haus ist nicht abbezahlt – ich wäre dankbar, überhaupt diesen Job zu haben.« Je mehr Sie dieses Ringen als Teil der Verhandlung begreifen, nicht als persönlichen Angriff, und mit Argumenten statt mit Gefühlen antworten, desto höher ist Ihre Chance auf mehr Gehalt.

Motivator-Tipp: Ein Blick auf Ihre Einkommensentwicklung

Stellen Sie einmal in einer Tabelle zusammen, wie sich Ihr Einkommen seit Beginn Ihrer Berufstätigkeit entwickelt hat. Frühere Steuererklärungen oder -bescheide helfen Ihnen, die Beträge noch einmal herauszufinden, wenn Sie sie nicht mehr wissen. Alternativ kann der aktuelle bzw. können ehemalige Arbeitgeber Ihnen eventuell noch Kopien früherer Lohnsteuerbescheinigungen senden. Notieren Sie sie in Ihrer Tabelle, so viele Jahre zurück wie möglich. Die üblichen Tabellenprogramme (z. B. Excel, Open Office oder Google Tabellen) erlauben Ihnen, daraus auch leicht ein Kurven- oder Säulendiagramm zu erzeugen. Was verrät Ihnen der Blick auf Ihre Einkommensentwicklung? Identifizieren Sie Phasen der Dynamik und der Stagnation und welchen Handlungsbedarf Sie jetzt sehen.

JOB-MOTIVATOR 2: FAMILIE – GENUG ZEIT FÜR DIE LIEBEN

Zwischen beruflichen und familiären Verpflichtungen und Wünschen besteht immer ein Konflikt, schon aus zeitlichen Gründen. Er lässt sich niemals ganz beseitigen, aber durch gute Organisation und praktische Hilfe bewältigen.

Wie sehr sich die familiäre Situation am Arbeitsplatz zeigt, konnte jeder beobachten, der lange mit denselben Kollegen zusammengearbeitet hat. Waren sie als Singles immer bereit, nach Feierabend noch etwas zusammen trinken zu gehen, mussten sie plötzlich pünktlich nach Hause, wenn dort jemand auf sie wartete, »der für uns gekocht hat«. Die gemeinsame größere Wohnung und die anstehende Hochzeit gaben den Männern viele Gründe, Karriere machen zu müssen, und den Frauen, ihnen deswegen Vorwürfe zu machen. Waren die Kinder da, begann die Zeit des Schlafmangels und der herumgezeigten Handyfotos und -videos: »Das war am Wochenende im Zoo, wir fanden das Streichelgehege total süß! Willst du mal sehen, wie meine Kleine mit den Hasen geschmust hat?« Gelegentlich fielen auch bittere Bemerkungen zum Partner, der sich »ein bisschen gehen lässt«, ebenso zur Verfügbarkeit und den Preisen für Kitas und zu nervig frühen Kundenanfragen, obwohl man noch damit beschäftigt war, den Kleinen die Hosen hochzuziehen. In besseren Kreisen ging es um diebische Putzfrauen, unzuverlässige Nannys und später um das Drama, dass das eigene Kind nicht begabt und fleißig genug für die teure Eliteschule war, auf die es aber trotzdem sollte. Langjährig Verheiratete erkannte man daran, dass mindestens einer freiwillig ins Büro ging, manchmal sogar auf Urlaubstage verzichtete, um endlich wieder einmal Ruhe zu haben. Und irgendwann kamen die frisch Geschiedenen, bei den Männern am zerknitterten Hemd und den grauen Bartstoppeln zu erkennen, bei den Frauen daran, dass sie lange nicht mehr so erholt und glücklich aussahen. Kommen neue junge Kollegen dazu, schließt sich der Kreis des Lebens im Team, und alles geht für sie wieder von vorn los.

Verantwortung für andere übernehmen

Bei allen Unsicherheiten wird jeder, der kein Berufsanfänger mehr ist, im Normalfall einmal eine Beziehung eingehen und eine Familie gründen. Damit übernimmt er Verantwortung über sich selbst hinaus. Das kostet mindestens zwei Jahrzehnte lang beträchtliche Summen, beispielsweise für die gemeinsame Wohnung, die Hochzeit und den vergrößerten Hausstand, dazu Unterhalt für die Kinder mindestens bis zur Volljährigkeit. Das erhöht das Bedürfnis nach Zuverlässigkeit und Sicherheit. Daneben sind viele praktische Herausforderungen zu bewältigen, etwa die Vereinbarkeit der Kinderbetreuung mit den Arbeitszeiten. All das hat einen enormen Einfluss auf berufliche Prioritäten und Entscheidungen. **Daher heißt der zweite Job-Motivator: Familie.** Typischerweise wird er in zwei Lebensphasen bedeutsam. In jungen und mittleren Jahren bei der Gründung der eigenen Familie – sowie im mittleren und höheren Alter bei der Versorgung pflegebedürftiger älterer Angehöriger, vor allem der eigenen Eltern.

Ständige Loyalitätskonflikte vermeiden

Berücksichtigen Sie partnerschaftliche und familiäre Bedürfnisse bei der Stellenwahl nicht ausreichend, leben Sie in ständigen Loyalitätskonflikten. Der Chef setzt kurzfristig noch eine späte Konferenz an, aber die Kinder müssen aus der Kita abgeholt werden. Die Präsentation soll fertig werden, aber keiner hat eingekauft und gekocht. Die Familie freut sich auf einen Ausflug am Wochenende, aber Sie sind zu müde dafür und wollen mal für sich sein. Für Alleinstehende wird schon die Partnersuche schwierig, wenn neben der Arbeit – und meist vielen Reisen zur Ablenkung und Entspannung – gar keine Zeit und Kraft mehr für ein echtes Privatleben bleibt.

Bekommen Beziehungs- und Familienaspekte allerdings eine zu große Bedeutung für Sie, ist Ihnen nur noch ein eingeschränktes berufliches Engagement möglich. Sie nehmen Stellen dann vor allem aus praktischen Erwägungen und Rücksicht anderen gegenüber an. Ihre eigenen Wünsche und Interessen kommen zu kurz. Sie verdienen weniger, können sich an vielen Projekten nicht beteiligen, stagnieren professionell und fallen langfristig zurück. In gewissen Lebensphasen (z. B. Familiengründung) ist das normal. Darüber hinaus kann es sein, dass Sie diese Prioritätensetzung einmal selbst bereuen und sie Ihnen nicht einmal gedankt wird.

Wegen der Kinder muss die Karriere zurückstehen

Beim Job-Motivator Familie denke ich an meine Klientin Solveig, die sich während ihres Studiums immer ausgemalt hatte, später einmal die Kommunikationsabteilung eines internationalen Unternehmens zu leiten. »›Mit einem sehr guten Marketingabschluss und viel Ehrgeiz steht dir die Welt offen‹, dachte ich damals. Ich sah mich in meiner Vorstellung im schicken Business-Kostüm – die Laptoptasche in einer

Hand, das Handy in der anderen –, ständig unterwegs zwischen Flughäfen und Konferenzhotels«, erzählte sie amüsiert, aber auch etwas wehmütig. »Ich weiß, naive Klischees. Ich kannte die Geschäftswelt eben nur aus Filmen und Serien.«

Doch alles kam anders. Sie wurde ungeplant schwanger, heiratete und trennte sich wieder, nachdem das zweite Kind da war. Nun arbeitete sie als Marketing-Assistentin in der Hauptverwaltung einer Krankenkasse. »Überhaupt nicht das, was ich mir vorgestellt habe«, sagte sie. »Ganz unspektakuläre Aufgaben – die Website betreuen, Broschüren erstellen, manchmal etwas auf Facebook posten. Aber die Arbeitszeiten sind geregelt, und wenn ich wegen meiner Kleinen spontan von daheim aus arbeiten muss, ist das kein Problem.«

Kurzzeitig war sie der Berufswelt, die sie sich einmal erträumt hatte, sogar tatsächlich nähergekommen, als sie nämlich ein Praktikum bei einem Kosmetikhersteller absolvierte und dessen Messeauftritt in Paris begleiten durfte. »Das war allerdings alles andere als glamourös«, gab sie zu. »Ich verdiente fast nichts und arbeitete nur eine langweilige Präsentation nach der anderen aus. Die Dienstreise war komplett verplant und hektisch, die Unterkunft ein schäbiges Hotel, weil alles andere zu teuer war – und ich rannte nur völlig verschwitzt von einem Termin zum nächsten.«

Ihre aktuelle Stelle war eine Vernunftentscheidung nach der Trennung. »Ich war froh, zwei Kitaplätze bekommen zu haben«, erinnerte sich Solveig. »Danach habe ich mich mit dem Streckenplan der Verkehrsbetriebe hingesetzt und geschaut, wie weit entfernt ich maximal arbeiten könnte, um die Kinder vor der Arbeit hinbringen und nach Feierabend wieder abholen zu können. Dafür habe ich ein Zeitfenster von jeweils 15 Minuten, spontane Überstunden sind nicht drin, und ich muss nur hoffen, dass der Bus keine Verspätung hat.«

Ihr ehemaliger Partner übernahm die gemeinsamen Kinder regelmäßig, arbeitete aber selbst im Schichtdienst, der kurzfristig angesetzt wurde. »Einerseits bin ich dankbar, dass mein Arbeitgeber so problemlos ist – auch, dass meine Stelle mich eigentlich überhaupt nicht herausfordert«, meinte Solveig. »Anders würde ich das alles gar nicht schaffen. Aber habe ich dafür studiert? Manchmal habe ich das Gefühl, ich verschenke mein Potenzial und verliere beruflich den Anschluss, von einer Führungsposition gar nicht zu reden.«

Unnötig besorgt, was die Leute denken

Schon die praktischen Herausforderungen sind mit Kindern groß genug. Aber gar nicht so wenige Eltern belasten sich noch unnötig damit, was die »Gesellschaft« – wer auch immer das genau sein soll – angeblich von ihnen erwartet und denkt. »Nein, Herzklopfen habe ich nicht, wenn ich die Kinder aus der Kita abhole. Sobald ich das schreibe, muss ich zwingend auch schreiben, dass ich meine Kinder dennoch liebe«, behauptete beispielsweise eine Kolumnistin der *Tageszeitung*. »Eine Mutter muss das ständig wiederholen. Wie oft sie es dem Kind sagt, ist den meisten Leuten total egal – nur der Gesellschaft muss sie es regelmäßig sagen. Sonst wird sie verdächtigt, eine schlechte Mutter zu sein. Es braucht diese performative Liebesbekundung, denn es wird nie von einer guten Mutter ausgegangen. Es gilt die Rabenmuttervermutung.«[18] Man könnte dazu aber auch sagen: Das ist möglicherweise nur weitgehend eingebildet und der Wunsch, Leuten zu gefallen, die einem völlig egal sein könnten.

Ebenso viel Kraft vergeuden manche Eltern mit weitgreifenden Forderungen an ebendiese »Gesellschaft«, die sich endlich ändern solle, damit dann auch wieder mehr Kinder geboren und alle glücklicher würden. Die Zahlen zeigen

---

[18] Die Tageszeitung, *Es gilt die Rabenmuttervermutung,* 15. August 2022, https://taz.de/Herzklopfen-beim-Kindabholen/!5871760

jedoch, dass all die familienpolitischen Maßnahmen wenig ändern. »In weiten Teilen der Welt werden weniger Kinder geboren. Bemerkenswert ist, dass auch die Länder mit großzügiger Familienpolitik betroffen sind. Das Paradebeispiel ist Finnland. Dort ist die Anzahl der Kinder pro Frau auf 1,26 gefallen – trotz garantierten Betreuungsplätzen und staatlich entschädigter Erziehungszeit bis zum dritten Geburtstag des Kindes«, schreibt die *Neue Zürcher Zeitung* zu dieser dauerhaft enttäuschten Hoffnung. »Auch in Ungarn, wo der Kinderreichtum mit Wohnungsbauprämien und Zuschüssen für siebensitzige Autos angekurbelt werden soll, gelingt es nicht. Die Fertilitätsrate liegt nur noch bei 1,61. In Deutschland bekommen Frauen trotz billigen Krippenplätzen und staatlich bezahlter Elternzeit im Schnitt nur noch 1,46 Kinder. In der Schweiz, wo die Subventionen deutlich weniger großzügig ausfallen, sind es 1,39 Kinder pro Frau.«[19] Als Hauptgrund schält sich heraus: Wer Kinder will, muss selbst verzichten und auch seinen Kindern nicht alles möglich machen wollen; viele entscheiden sich heute vor allem deswegen für wenige oder gar keine Kinder. Da denke ich manchmal an meine Urgroßmutter mütterlicherseits, die zwölf Geschwister hatte; mein Urgroßvater väterlicherseits hatte sogar 13. Gearbeitet – körperlich, nicht in Büro – wurde trotzdem immer.

Für die Arbeitgeber wäre es natürlich am praktischsten, wenn gar keiner in der Belegschaft mehr Kinder hätte, sondern höchstens als »Katzenpapa« oder »Hundemama« einen pflegeleichten Vierbeiner aufziehen würde. Aber auch da sind die Ansprüche inzwischen drastisch gestiegen: Manche Besitzer melden sich gelegentlich schon morgens ab, weil »die Kleine die ganze Nacht nicht geschlafen hat« oder »wir dringend zur tierärztlichen Notaufnahme müssen«.

---

[19] Neue Zürcher Zeitung: *Der Staat muss nicht die Geburtnrate steigern,* 29. April 2024, https://www.nzz.ch/meinung/anhebung-der-geburtenrate-ist-keine-staatsaufgabe-ld.1827677

Erste Hilflosigkeit überwinden, Grenzen setzen

Beim Job-Motivator Familie sind viele praktische Herausforderungen zu bewältigen, etwa die ständige Absprache mit dem Partner, die Suche nach einer Kita, das Aushandeln flexibler Arbeitszeiten. Das erfordert Vorwissen, Zeit, Geduld und Pragmatismus. Daneben sind emotionale Hürden zu überwinden. Dazu gehören oft zuerst eine empfundene Fremdbestimmung – man muss sich nach den Umständen und anderen richten, ist also nicht mehr so frei und selbstbestimmt wie vorher – und eine damit verbundene Hilflosigkeit: »Warum bin ich hier scheinbar für alles zuständig, wieso hilft mir keiner?« Um das durchzustehen, ist es ständig nötig, Grenzen zu setzen, um die Bedürfnisse und Wünsche der anderen zumindest halbwegs in Einklang mit den eigenen zu bringen. Der Partner und die Kinder, der Vorgesetzte und die Teamkollegen – sie können nie alles haben, was sie sich gerade wünschen. Das muss ohne schlechtes Gewissen und Selbstvorwürfe besprochen, entschieden und kommuniziert werden.

Bestätigen, dass Sie belastbar sind

Lassen Sie schon im Bewerbungsprozess erkennen, dass Sie besondere partnerschaftliche und familiäre Prioritäten und Verpflichtungen haben, ist das zweischneidig. Kein Arbeitgeber wird offen etwas dagegen sagen, sondern Ihnen im Gegenteil dafür seine Anerkennung aussprechen. Wahrscheinlich sogar ehrlich gemeint, aber auch deshalb, um sich nicht wegen Diskriminierung angreifbar zu machen. Gleichzeitig haben Sie damit Zweifel gesät: Werden Sie den Anforderungen der Stelle gewachsen sein, nicht ständig kurzfristig ausfallen oder abgelenkt sein? Bei allem Verständnis. Das Unternehmen muss vor allem so planen, dass die anstehenden Aufgaben erledigt werden und die anderen Kollegen nicht ständig einspringen müssen und dadurch überlastet werden, weil Sie z. B. immer früher als alle anderen gehen wollen oder sich häufig wegen Krankheit der Kinder abmelden. Oder, wie es heute vorkommt: Eine Führungsposition annehmen, die sie aus familiären Gründen gar nicht ausfüllen können.

Daher sollten Sie, trotz Ihrer Herausforderungen und Wünsche, in Ihrer Bewerbung und im Vorstellungsgespräch immer die Arbeitsinhalte und -abläufe sowie Ihre entsprechenden Kompetenzen in den Vordergrund stellen. Damit zeigen Sie sich als gut organisierter, insgesamt belastbarer Profi, der nicht immer zuerst an die eigenen Bedürfnisse denkt, so verständlich sie auch sind. Ein Arbeitsplatz ist nicht vor allem ein Vehikel für private Anliegen, sondern zuerst für das Erledigen betrieblicher Aufgaben gegen Bezahlung angelegt. Mit dieser Strategie im Gespräch erfahren Sie auch mehr über die wahren Anforderungen der Stelle. So können Sie besser einordnen, wie realistisch spontane Zusagen (»Wenn Sie müssen, gehen Sie einfach früher«) wirklich sind. Erfragen Sie selbstverständlich auch die Angebote des Unternehmens für Eltern, etwa zum Betriebskindergarten oder der Homeoffice-Regelung, aber gegen Ende hin.

Austausch zwischen den Generationen nutzen

Jede Herausforderung des Familienlebens ist schon einmal da gewesen, seien es Beziehungskonflikte, die Vereinbarkeit von Berufs- und Privatleben, Sorgen ums Geld oder um die Kinder. Suchen Sie regelmäßig den Austausch und Rat von Älteren, um deren Erfahrungen zu nutzen. Oft braucht es nicht einmal einen besonderen praktischen Rat. Schon die Bestätigung, dass es andere ebenso erlebt und überstanden haben, kann beruhigen und die Zuversicht stärken: »Dann ist es doch nicht so schlimm, wie ich erst dachte.«

Überlegen, ob der Job noch passt

Möglicherweise stellen Sie fest, dass sich Ihr Arbeitsplatz eigentlich nicht mit einem normalen Familienleben vereinbaren lässt. Das liegt manchmal an der Branche, in der vielleicht grundsätzlich in Schichten gearbeitet wird (z. B. Hotellerie, Gastronomie). Oder auch an der konkreten Stelle, die ein stark zyklisches Projektgeschäft – Überstunden, am Wochenende ins Büro – hat oder regelmäßige Dienstreisen erfordert (z. B. Vertrieb mit Außendienst). Bis zu einem gewissen Grad lassen sich Lösungen finden. Aber bei aller Kompromissbereitschaft sollten Sie sich die Frage stellen, ob nicht ein zeitweiser oder genereller Jobwechsel sinnvoll wäre. Es ist heikel und auch ein wenig rücksichtslos, regelmäßig einen Teil seiner Arbeit, für die man bezahlt wird, an die Teamkollegen weiterzureichen, die zwar grundsätzlich hilfsbereit sind, aber dafür auch nichts zusätzlich bekommen. Gibt es keine Möglichkeit der Kinderbetreuung in der Nähe, finden sich gelegentlich mehrere Eltern im Unternehmen oder in der Nachbarschaft zusammen und engagieren gemeinsam eine private Betreuung. Die Kosten lassen sich so aufteilen, und diese pragmatische Lösung schafft mehr Flexibilität für alle.

Nur zusagen, was Sie leisten können

Eventuell haben Sie unterschätzt, welchen Einfluss eine veränderte Familiensituation – Kinder, ein erkrankter Partner, ein hilfsbedürftiger Elternteil – auf Sie haben würde. Das führt nicht selten zu großer Enttäuschung, Verbitterung und Wut. Oft schwankt die eigene Beurteilung, je nach aktueller Lage, drastisch: »Bin ich jetzt keine gute Mutter bzw. kein guter Vater?«, »Wieso bleibt immer alles an mir hängen?«, »Darf ich überhaupt an mich denken?«. Das ist einerseits normal, sollte allerdings mit Blick auf frühere Elterngenerationen, die oftmals deutlich größere Herausforderungen bewältigt haben, ein wenig relativiert werden. Mit etwas geringeren Ansprüchen an sich und alle anderen stressen Sie sich weniger. Es muss nicht alles perfekt laufen. Oft helfen bereits kleinere organisatorische Kompromisse, etwa die Einigung auf feste Homeoffice-Tage, Erreichbarkeit nur zu bestimmten Zeiten, reduzierte Aufgaben. Sagen Sie dabei nur zu, was Sie wirklich leisten können. »Ich bin bei Bedarf immer erreichbar« ist möglicherweise nur an einigen Tagen der Woche realistisch. Ständiges Nacharbeiten abends oder am Wochenende, wenn Sie sich erholen sollten, kann auch kein Dauerzustand sein. Versprechen Sie es daher gar nicht erst, auch wenn es hilfreich scheint. Das ist anfangs vielleicht ein zähes Verhandeln und Planen, sorgt dann aber für Sicherheit für alle.

Zeit für das, was wichtig ist

Dass Sie in Bezug auf den Job-Motivator 2, die Familie, an der richtigen Stelle arbeiten, erkennen Sie daran, dass Sie berufliche und familiäre Verpflichtungen auf akzeptable Weise miteinander verbinden können. Perfekt und leicht wird es nie sein, das wäre unrealistisch. Dafür konkurrieren diese Sphären – selbst bei vorbildlicher Unterstützung durch den Arbeitgeber – schon zeitlich zu stark miteinander. Aber Sie können in den entscheidenden Phasen jeweils die notwendigen Schwerpunkte setzen und in den wichtigsten Momenten dabei sein. So müssen Sie sich später keine Vorwürfe machen, sie vernachlässigt bzw. verpasst zu haben. Im Idealfall können Sie beide Sphären sogar miteinander verbinden, beispielsweise Ihren Partner und die Kinder gelegentlich zu einer Firmenveranstaltung mitbringen, wo sie ihrerseits Kollegen und deren Kinder kennenlernen. Das verknüpft Berufs- und Privatleben, die sonst häufig genug miteinander konkurrieren, und führt manchmal sogar zu weitergehenden Freundschaften.

Neuanfang in der Geburtsstadt

Meine Klientin Solveig entschloss sich zu einem radikalen Wechsel. Sie kündigte ihre Stelle bei der Krankenkasse und zog mitsamt der Kinder zurück in ihre Geburtsstadt, die einige hundert Kilometer entfernt war. Dort gab es zwar kaum Kita-Plätze. Dafür war die Miete niedrig. Vor allem aber wohnten ihre Eltern noch da. Sie schlugen selbst vor, ihre Enkeltöchter an drei Wochentagen zu sich zu nehmen. Solveig bewarb sich danach gezielt auf Stellen, die *Remote Work* (Fernarbeit) erlaubten, und zwar vor allem auf Führungspositionen. Eine Gewerkschaft stellte sie schließlich, zu Solveigs eigener Überraschung, als Kommunikationschefin ein. »Ich bin selbstbewusst aufgetreten, habe mit meinen Erfahrungen argumentiert und darauf gesetzt, dass sie sich von einer jungen, engagierten Frau auch wieder mehr Schwung versprechen«, meinte sie. »Einen Tag pro Woche fahre ich nun in die Zentrale, bleibe manchmal über Nacht in einer Pension. Das sind die Tage, an denen die Kinder bei meinen Eltern sind.« Ansonsten arbeitete sie von daheim und ließ ihre Töchter im Garten oder mit anderen Kindern spielen: »All das erfordert einige Koordination. Aber nun habe ich die Chefposition, weniger Stress wegen der Kinder, dazu mehr Zeit mit meinen Eltern und alten Freunden im Ort.« Für ihren früheren Partner bedeutete diese Lösung zwar eine weitere Anreise für Besuche, aber das konnte er arrangieren.

Die Belegschaft ist keine Familie

Gelegentlich behaupten Arbeitgeber, ihre Belegschaft wäre bereits »wie eine Familie«. Das ist allerdings Unfug und auch das falsche Bild. In welche Familie man hineingeboren wird, kann man sich nicht aussuchen. Man liebt die gebrechliche Großmutter, den kleinen Enkel und die ältere Tante, die ein wenig wunderlich geworden ist, hoffentlich gleichermaßen.

Bezahlt wird man für das, was man innerhalb der Familie für andere tut, nicht. Für die Mitarbeiter eines Unternehmens ist der Vergleich mit einer Sportmannschaft passender: Geholt werden diejenigen, die vom Profil und der Leistung passen und das auch selbst wollen. In der Profiliga gibt es Geld, aber wer schwächelt, ist bald auch wieder draußen. Im Leben braucht es immer beides: eine Familie für den Rückhalt – und ein starkes Team, in dem man mitspielen kann.

Motivator-Tipp: Wochenplan mit Zeiten für andere und sich

Führen Sie fortlaufend einen Wochenplan, in dem Sie für Montag bis Sonntag in 15-Minuten-Schritten eintragen, wann Sie für andere da sind: Arbeit, Partner und Familie (z. B. Einkäufe, Erledigungen, Hausarbeit, Hilfe bei den Hausaufgaben) – und wann Sie dran sind. Möglicherweise sind das nur ein bis zwei Zeitfenster pro Woche, in denen Sie in Ruhe lesen, zum Sport gehen oder Freunde treffen wollen. Markieren Sie die Zeitblöcke am besten farblich unterschiedlich. Damit strukturieren Sie Ihre Woche überlegter, fordern aber auch Verständnis und Respekt für Ihre Bedürfnisse ein. Wenn Sie allein oder in einer Partnerschaft leben, bietet sich ein geteilter digitaler Kalender (z. B. Outlook oder Google Kalender) an. Mit Kindern ist ein Ausdruck, für alle sichtbar aufgehängt, besser geeignet.

JOB-MOTIVATOR 3: TEAM – FREUNDE IN DER FIRMA

Bei aller Sympathie ist ein Team immer zuerst eine Zweckgemeinschaft, um die Ziele des Unternehmens zu erreichen. Aber es können sich daraus auch wirklich freundschaftliche Beziehungen entwickeln, wenn Sie das wollen.

Liest man sich die *Unternehmenswerte*, die heute unbedingt auf jeder Karriereseite veröffentlicht werden müssen, einmal durch, stellt sich eine Frage: Gibt es überhaupt noch Arbeitgeber, denen nicht »die Menschen« am wichtigsten sind? Überall scheint ein allumfassender Humanismus ausgebrochen zu sein: »Bei uns steht der Mensch im Mittelpunkt«, »Menschen sind der Schlüssel zu unserem Erfolg«, »Der Mensch kommt zuerst«, »Wir machen Menschen glücklich« oder, schlicht und gerade deshalb berührend, wird man sich gedacht haben: »Menschen zuerst«. Natürlich könnte man fragen: Wer sonst – Computer, Kleintiere, Gartenzwerge? Da waren die Neunziger ehrlicher; da gaben die Vorstände noch offen zu, dass der *Shareholder-Value*, also der Wert für die Aktionäre, im Mittelpunkt stehe. Und die sind ja schließlich auch Menschen!

Aber Ehrlichkeit verträgt die sensibilisierte Öffentlichkeit heute nicht mehr. Also lesen sich die Selbstdarstellungen wie Wahlprogramme von Parteien, die allen gefallen wollen und denen gar nichts mehr einfällt: »Vielfalt und gesellschaftliche Relevanz sind unsere Stärke«, »Veränderung gestalten und individuelle Freiheit leben«, »Verantwortung übernehmen und eigene Entscheidungen treffen«. Ist der Setzkasten der gesellschaftspolitischen Phrasen ausreichend gefüllt, darf es wieder menscheln, wenn etwa über die Mitarbeiter gesagt wird: »Wir schätzen sie als die Menschen, die sie sind.« Das ist löblich, aber auch schon wieder recht paternalistisch.

Kollegen, die gleichzeitig beste Freunde sind

Dabei hat gar nicht jeder besonders starke soziale Bedürfnisse, sowohl im Beruflichen wie im Privaten. Eine Grundsympathie für die Vorgesetzten und Kollegen ist für die meisten das Mindestmaß, eine »gemeinsame Wellenlänge«. Damit muss nicht ständig alles erklärt und ausdiskutiert werden, und die unvermeidbaren Stressmomente, Zielkonflikte und Missverständnisse des Arbeitsalltags lassen sich auf vernünftige Weise auflösen. Ein Unternehmen ist eben mehr als das Gebäude mit den Produktionsmitteln. Es ist vor allem eine soziale Einheit, die Menschen bilden, um gemeinsam die Ziele des Unternehmens zu erreichen und davon zu profitieren. Im Idealfall so gut, dass sie andere damit anziehen, neben den Kunden auch qualifizierte Bewerber. **Daher heißt der dritte Job-Motivator: das Team.** Mancher entscheidet sich für einen Arbeitsplatz vor allem wegen der Menschen, die er dort erwartet oder schon kennt, etwa einen früheren Chef oder Kollegen. Gleichzeitig ist es den meisten wichtig, dass ihre Arbeit auch noch ein Privatleben erlaubt und nicht alles vereinnahmt.

Zweckgemeinschaft, kein Familienersatz

Verbinden Sie kaum soziale Beziehungen mit Ihrem Arbeitsplatz, hängt es von Ihrem Wesen ab, ob Sie das als Vor- oder Nachteil empfinden. Mancher will seinen Job professionell und zügig erledigen, sucht aber keinen weiteren

»Familienanschluss«. Für diese Menschen gehört das in den privaten Bereich, also in die Freizeit. Soziale Aktivitäten im Beruf (z. B. regelmäßige Teamevents nach Feierabend) sind für sie eine lästige Pflicht, kein Vergnügen. Andere würden das als unverbindlich, anonym und kalt empfinden. Für sie ist die zwischenmenschliche Komponente entscheidend: Sie macht die Arbeit für sie erst angenehm und sinnvoll.

Ist der soziale Aspekt im Unternehmen besonders stark ausgeprägt, wird leicht vergessen, dass ein Unternehmen eine zielorientierte Zweckgemeinschaft ist. Hier treffen sich keine Freunde, die zufällig zusammenarbeiten – sondern Arbeitskollegen, die im besten Fall freundschaftlich miteinander umgehen. Aber das sind Allianzen mit einem Ziel und auf Zeit, zu denen immer auch Konkurrenz gehört. Wird das ignoriert, leiden Ehrgeiz, Fokus und Professionalität, werden Nebenaspekte, beispielsweise private Sorgen von Kollegen, zu wichtig. Jungen Berufstätigen ist bei all der vorgeblichen Lockerheit in heutigen Firmen oft auch nicht immer präsent, dass es weiterhin um die Führungsziele geht und eine Hierarchie existiert, auch wenn man locker miteinander umgeht.

Dem Team zuliebe auf Chancen verzichten?

Beim Job-Motivator Team denke ich an meinen Klienten Fabiano, der seit bald fünf Jahren als Produktmanager bei einem Medienunternehmen arbeitete. Der Abteilungsleiter war ein langjähriger Freund aus Studientagen und hatte ihn ins Team geholt. »Wir haben uns vorher schon regelmäßig gesehen, waren auch mehrmals zusammen im Urlaub. Aber auch mit den anderen Kollegen habe ich mich schnell angefreundet«, erzählte er. Jede Woche gingen alle miteinander nach der Arbeit noch in eine nahe gelegene Pizzeria. Mehrere Teammitglieder waren zudem Mitglieder in einem CrossFit-Studio, mit dem ihr Arbeitgeber einen Rabatt für seine Mitarbeiter ausgehandelt hatte, und sahen sich dort beim Training gleich wieder.

»Mir gefällt das richtig gut. Mit den Kollegen verbringt man die meiste Zeit des Tages. Da ist es super, wenn es passt. Aber es hat sich bei uns einfach so ergeben«, meinte Fabiano. »Wir sind alle ungefähr im gleichen Alter, die meisten Single oder nur locker gebunden.« Eine Kollegin hatte allerdings kürzlich geheiratet und war Mutter geworden; Fabiano übernahm auf ihren Wunsch die Taufpatenschaft für ihre Tochter. »Trotzdem arbeiten wir ganz professionell zusammen«, war Fabiano wichtig. »Meine Kollegen sind auf ihrem jeweiligen Gebiet richtig gut. Fachlich machen wir keine Kompromisse, auch wenn es zwischenmenschlich stimmt.«

Eine kurze Ernüchterung hatte er verspürt, als ein langjähriger, allseits beliebter Teamleiter kündigte, weil er mit der aktuellen Unternehmensstrategie nicht einverstanden war. Zudem hatte er eine höhere, damit wohl auch besser bezahlte Position gefunden, wie sie später auf seinem aktualisierten LinkedIn-Profil sahen. »Das kam für uns alle unerwartet, auch wenn unser Chef das sicher schon länger wusste«, sagte Fabiano. »Wir sind immer wie Freunde miteinander umgegangen. Das hat mich auf einmal wieder daran erinnert, dass wir hier trotz allem Angestellte sind.« Einige Wochen nach dem Ausstand des Kollegen, noch einmal groß zusammen gefeiert, schien er fast vergessen, wurde zumindest nicht mehr erwähnt. So ganz eng war es dann also doch nicht.

Was Fabiano selbst Sorgen machte, waren die mangelnden Aufstiegschancen. »Für den nächsten Karriereschritt müsste ich den Arbeitgeber wechseln, denn intern wird absehbar nichts frei.« Aber dafür müsste er seinen Chef und Freund, der auch zukünftig mit ihm plante, enttäuschen – und sich von dem Team verabschieden, das er beruflich wie menschlich sehr schätzte. Ein Angebot hatte Fabiano aus diesem Grund bereits abgesagt und fragte sich nun aber, wie lange er das weiterhin so halten sollte: »Möglicherweise finde ich nie wieder so einen super Chef und so tolle Kollegen. Aber soll ich deswegen für immer hier bleiben?« Manche im Team schienen fest zu planen, bis zur Rente nie mehr zu wechseln. Für ihn war schon die Vorstellung beklemmend.

Gemeinsam ist man nicht unbedingt stärker

Dass Teams generell besser als Einzelkämpfer wären, wird vor allem von Leuten behauptet, die nicht einzeln kämpfen und gewinnen können. Die Studienlage widerspricht klar der allgemeinen Annahme und Behauptung von Unternehmen, dass Teams generell die beste Arbeitsform wären: Ein einzelner Spezialist arbeitet effektiver und schneller, als wenn er mit einem weiteren Spezialisten zusammenarbeiten würde, beide sich deswegen immer erst abstimmen und einigen müssen. Auch ein einzelner Generalist arbeitet allein besser als mit einem zweiten Generalisten oder einem Spezialisten.[20]

In vielen Unternehmen ist *Teamwork* jedoch wichtig, um fortlaufend angesetzte Meetings und PowerPoint-Präsentationen zu füllen und sich ausführlich gegenseitig zu erzählen, was die anderen weder betrifft noch interessiert. Davor und danach sind *Outlook-Einladungen*, *Termin-Updates*, *Agenden* und *Protokolle* fällig; schon ist wieder ein halber Arbeitstag geschafft. Hat man erst einmal ein Dutzend Kollegen hineingezogen, besteht zudem die angenehme Möglichkeit, beim Scheitern eines Projektes die Verantwortung an die Gruppe zu delegieren. Wenn alle Bescheid wussten, weil sie durch viele E-Mail-Verteiler immer *im Loop* waren, sind auch alle mitverantwortlich – und damit eigentlich keiner richtig.

---

[20] Collective Intelligence: *The cost of coordination can exceed the benefit of collaboration in performing complex tasks*, 17. April 2023, https://journals.sagepub.com/doi/10.1177/26339137231156912

Ein Gegenmodell ist ein Team aus Spezialisten unterschiedlicher Fachrichtungen, die jeweils ihre eigenen Arbeitsbereiche haben, in denen sie weitgehend selbstständig entscheiden und arbeiten können. Dann braucht es zwar eine übergeordnete Projektplanung – wer erledigt was und nach welchem Lieferstandard, wann kann der andere übernehmen? –, aber keine endlose Reihe aus *Kick-offs, Jour fixes* und *Check-ins.* Jeder weiß, was er beitragen muss, damit der andere seinen Teil beisteuern kann. Aber man überkreuzt sich nicht und muss sich nicht dauernd *alignen.*

Das saubere Zuteilen von Teamrollen mit individuellen Zuständigkeiten, dazu ein stimmiges übergreifendes Konzept, wie sie ineinandergreifen, erfordern allerdings strategisches Denken mit Interesse an den operativen Details. Da steigt auch mancher Vorgesetzter gleich wieder aus, wirft seine Mitarbeiter lieber mit spontanen, vage formulierten und miteinander nicht kompatiblen Aufträgen zusammen und nennt das *Agilität.* »Tut mir leid, dass ihr nicht so flexibel seid«, kann er ihnen dann vorwerfen, wenn das schiefgeht. »Wir haben in unserer dynamischen Arbeitswelt nun einmal nicht mehr feste Teamrollen wie bei Belbin.[21] Die Achtziger sind vorbei.« Daraus kann sich aber bald eine gemeinsame neue Teamvision entwickeln, die alle zusammenschweißt und motiviert: »Wir brauchen dringend einen neuen Chef!«

Herausfinden, wie Sie am besten arbeiten

Erst nach einigen Berufsjahren und mehreren Wechseln des Arbeitgebers wird vielen Berufstätigen bewusst, dass es wirklich ganz unterschiedliche Unternehmenskulturen gibt – und nicht jede zu ihnen selbst passt. Dabei schälen sich persönliche

---

[21] Belbin, Raymond Meredith: *Management Teams: Why They Succeed or Fail.* Heinemann, London, 1981

Präferenzen heraus: Ob man große, mittlere oder kleine Unternehmen bevorzugt, eine eher anonyme, familiäre oder persönliche Atmosphäre, autoritäre oder partizipative Führung, eine starke oder geringe Trennung zwischen Berufs- und Privatleben. Die eigene Erfahrung hat dann auch schon gezeigt, dass kein Arbeitgeber vollständig allen Wünschen entspricht und es deshalb persönliche Prioritäten braucht: Was muss in Bezug auf die soziale Ausgestaltung zwingend sein, was wäre wünschenswert, was würde man nicht akzeptieren? Letzteres erfordert nicht zwingend den nächsten Wechsel, zumindest aber die Fähigkeit, Grenzen zu setzen.

Nie vergessen, dass es um Arbeit geht

Arbeitgeber fördern es heute allerdings, dass zwischen den Vorgesetzten und ihren Teammitgliedern enge, sogar freundschaftlich erscheinende Beziehungen bestehen. Das hat weniger damit zu tun, dass sie nach früherer Kritik am Betriebsklima nun geläutert wären, sondern: Sie gehen davon aus, dass Leistungsfähigkeit und Einsatz der Mitarbeiter höher sind, wenn untereinander weniger Distanz herrscht, es weniger *Reibungsverluste* gibt. Als Mitarbeiter sollten Sie dieses Motiv nicht vergessen und daher bei einer Bewerbung nicht zu stark Ihre eigenen sozialen Bedürfnisse und Interessen betonen. Sonst wird man annehmen, dass Sie vor allem mit Privatangelegenheiten – welcher Kollege hat Geburtstag, wer erwartet ein Kind? – befasst sein werden und es insgesamt eher gemütlich wollen. Erwähnen Sie umfangreiche soziale Aktivitäten nach Feierabend – Unternehmungen mit Freunden, Hobbys und Ehrenämter –, wird gern gleich vermutet, dass Sie immer genau auf einen pünktlichen Feierabend achten werden.

Schon im Vorstellungsgespräch empfiehlt es sich stattdessen, auf die Zwischentöne in Bezug auf den Umgang mit Teamkollegen – und mit einem selbst – zu achten. Spüren Sie echtes Interesse und Respekt, stellt man Ihnen offene Fragen und interessiert sich für Ihre Ansichten? Oder haben Sie schon dann das Gefühl, eher in einem Verhör zu sitzen, sich ständig erklären und rechtfertigen zu müssen? Es kommt sogar vor, dass Teammitglieder sich vor dem Bewerber streiten, was einen Vorgeschmack darauf gibt, wie es wohl im Büro zugehen wird. Kennen Sie im Team bereits jemanden, sind Sie zum Beispiel auf Empfehlung eines früheren Vorgesetzten im Gespräch, ist das sehr hilfreich. Vermeiden Sie hier aber früh Loyalitätskonflikte, indem Sie in Bezug auf Professionalität und Vertraulichkeit so hohe Ansprüche an sich anlegen, wie sie es auch sonst mit anderen halten würden. Das bedeutet: Bei aller Verbundenheit nie vergessen, in welcher vertraglichen und arbeitsrechtlichen Beziehung Sie zueinander stehen.

Kollegen besser verstehen

Fühlen Sie sich in Ihrem Team unwohl, lohnt ein genauerer Blick auf die Gründe: Passt Ihnen die generelle Stimmung (z. B. der Umgangston) nicht – oder sind es die einzelnen Kollegen, mit denen Sie fachlich oder menschlich keine Basis finden? Beides ist miteinander verbunden und überschneidet sich. Aber im zweiten Fall – wenn Sie doch ein, zwei Kollegen finden können, mit denen Sie sich gut verstehen – können Sie sich zumindest zeitweise arrangieren. Die Unternehmenskultur werden Sie zwar nicht ändern, aber Sie können versuchen, mit einzelnen Teammitgliedern eine tragfähigere Basis zu finden. Laden Sie gelegentlich einen Kollegen dazu ein, gemeinsam Mittag zu essen oder nachmittags einen Kaffee zusammen zu trinken. Interessieren Sie sich für seinen Werdegang, was ihn beschäftigt und motiviert. Oft zeigen sich in solchen persönlichen Gesprächen doch interessante, überraschende Facetten, die zwar nicht gleich zu einer Freundschaft führen, aber das gemeinsame Arbeiten praktikabel machen.

Gelegentlich lassen sich auch taktische Allianzen bilden. Beispiel: Sie wollen beide, dass ein bestimmtes Projekt erfolgreich wird, auch wenn Sie ansonsten unterschiedliche Interessen und Ziele haben. Das darf man jemanden, mit dem man bisher seine Schwierigkeiten hat, durchaus offen anbieten. Gar nicht so selten stellt sich dabei heraus, dass der andere Vorstellungen hat, die sich damit verbinden lassen.

Sport- und Freizeitgruppen im Unternehmen
In vielen Unternehmen gibt es inzwischen interessenbezogene Gruppen, die sich in der Mittagspause oder nach Feierabend zum Sport, für Kultur oder andere Aktivitäten treffen. Schließen Sie sich bei Interesse an oder starten Sie selbst eine Gruppe. Auf diese Weise können Sie Ihre Kontakte im Unternehmen ausbauen und auch Kollegen aus anderen Bereichen kennenlernen; durch das geteilte Interesse haben Sie auch schon die erste Gemeinsamkeit. Wichtig aber: sich auch hier so verhalten, wie es sich unter Kollegen gehört.

Eigene Erwartungen anpassen

Möglicherweise haben Sie einen Anteil daran, dass Sie bisher keinen rechten Zugang zum Team gefunden haben oder sich darin unwohl fühlen. Versuchen Sie, nicht Ihre Erwartungen von einem früheren Arbeitsplatz auf den aktuellen zu übertragen. Sie treffen immer jeweils unterschiedliche Individuen an, aber auch verschiedene Unternehmenskulturen. Sind Sie bisher eher ablehnend oder verschlossen? Dann versuchen Sie zumindest für einige Zeit, Interesse und Verständnis für Ihre

Kollegen zu entwickeln. Zeigen Sie auch mehr von sich, um verstanden zu werden. Vieles ist Sache der Perspektive: Wenn einige Ihrer Kollegen fachlich nicht auf Ihrem Niveau sind, aber zumindest offen und interessiert, können Sie vielleicht die Rolle eines Mentors einnehmen. Gleichzeitig braucht es Grenzen: Ein Team wird – bei aller persönlichen Sympathie – gezielt zusammengestellt, um die Ziele des Unternehmens zu erreichen. Es ist kein Ersatz für Beziehung, Familie und Freunde. Haben Sie bisher viel Berufs- und wenig Privatleben, sorgen Sie für eine bessere Balance. Auch hier muss keiner auf glückliche Zufälle warten. Haben Sie zumindest an einigen Werktagen pünktlich und planbar frei, können Sie problemlos nach Ihren Interessen aktiv werden, sich verabreden, in einem Freizeitclub oder Verein andere treffen.

Geborgen, aber herausgefordert

Dass Sie in Bezug auf den Job-Motivator 4, das Team, an der richtigen Stelle arbeiten, spüren Sie daran, dass Sie sich menschlich angenommen und fachlich gefordert fühlen. Sie gehören also dazu. Aber es ist nicht nur gemütlich, sondern Sie lernen dazu und arbeiten mit Profis, die ebenfalls vorankommen wollen. Gleichzeitig respektiert der Arbeitgeber, dass nicht alle Teammitglieder die gleichen sozialen Bedürfnisse – oder auch nur gleich viel Zeit – haben. So wird vielleicht nur bei jährlich ein bis zwei Teamevents nach Feierabend erwartet, dass alle dabei sind, beispielsweise bei der Weihnachtsfeier. Ansonsten ist die Teilnahme Ihre persönliche Entscheidung, die Ihnen auch später nicht übel genommen oder angelastet wird. Der Unternehmenszweck hat Sie für eine bestimmte Zeit zusammengebracht, im besten Fall zum allseitigen Vorteil, aber Sie haben daneben ein eigenes, interessantes Leben. Das trägt Sie ergänzend zum Job.

Veränderter Blick auf die Kollegen

Mein Klient Fabiano, der einen Wechsel erwog, sich aber nicht von seinen Teamkollegen trennen wollte, konnte sich lange nur zu einigen halbherzigen Bewerbungen entschließen. Damit hatte er keinen Erfolg. Schließlich wurde ihm die Entscheidung abgenommen, zumindest erleichtert: Sein Chef und langjähriger Freund wurde zum Bereichsleiter befördert. Eine neu eingestellte Kollegin übernahm die Abteilungsleitung. »Sie bemühte sich sehr, gleich einen guten Kontakt zu uns allen aufzubauen«, erzählte er. »Aber es war nicht mehr wie vorher. Schließlich wechselte ein weiterer Kollege intern, und eine Kollegin verabschiedete sich in den Mutterschaftsurlaub.« Fabiano nahm noch einmal Kontakt zu dem Unternehmen auf, das ihm seinerzeit eine Stelle angeboten hatte: »Das war mir zwar anfangs peinlich, aber ich bekam eine freundliche Antwort und bald eine neue Einladung.« Einige Monate später wechselte er dorthin, rückte sogar zum Teamleiter auf. »Die Kollegen sind auch sehr gut und freundlich, aber ich gehe nun ein bisschen distanzierter heran.« Seinen früheren Chef und Freund traf er noch regelmäßig, dazu einige einstige Teamkollegen im CrossFit-Studio, wo er Mitglied geblieben war und regelmäßig hinging. »Das ist immer lustig, aber ich merke, dass wir uns weniger zu erzählen haben«, meinte er. »Vieles, was sie beschäftigt, ist nun nicht mehr meine Welt, und das gilt wohl auch umgekehrt.«

Fürs Leben gerüstet

Immer wieder kommt es allerdings vor, dass sich Teammitglieder so gut verstehen, dass sie sich sogar ineinander verlieben und heiraten. Das ist nur logisch. Zusammen haben sie bereits so viele extreme Situationen – kompletter Server-Absturz kurz vor Projektabschluss, stornierter Großauftrag mit dramatischen Folgen für die Jahresbilanz, peinliche

Firmeninterna in der Presse – durchgestanden. Da sind Heirat und Familiengründung vergleichsweise Kleinkram, geradezu erholsam. Das gemeinsame Frühstück ist ja im Grunde auch ein *Check-in mit Status-Update;* die alltäglichen Erledigungen, die man absprechen und planen muss, sind nicht viel anders als *agiles Projektmanagement am Kanban Board.* Wer effektiv zusammenarbeiten kann, ist auch auf alle anderen Herausforderungen des Lebens vorbereitet.

Motivator-Tipp: Kollegen schätzen lernen, die anders als Sie sind

In einem Team treffen immer auch Menschen aufeinander, die vom Wesen und ihren Werten sehr unterschiedlich sind und privat kaum Verbindungspunkte hätten. Das führt leicht zu Missverständnissen, fachlichen und persönlichen Konflikten. Schnell wertet man solche Kollegen ab: Dieser »kapiert es einfach nicht«, jener »nervt nur noch«. Solche harschen Urteile machen die Zusammenarbeit nur noch schwerer oder ganz unmöglich. Versuchen Sie deshalb, vor allem Teammitglieder besser zu verstehen, die anders als Sie selbst sind, und sie für ihren Beitrag zu schätzen. Das fördert den gemeinsamen Erfolg, kann auch persönlich interessant und bereichernd sein. In meinem Ratgeber *Sorry, ihr nervt mich jetzt alle!*[22] finden Sie eine ausführliche Kollegentypologie mit Empfehlungen.

---

[22] Albert, Attila: *Sorry, ihr nervt mich jetzt alle! Mit Nervensägen im Job umgehen, ohne selbst den Verstand zu verlieren.* Redline Verlag, München, 2023

JOB-MOTIVATOR 4: KARRIERE – EINSATZ, DER BELOHNT WIRD

Der Wunsch, sich stärker einbringen, mehr entscheiden und gestalten zu dürfen, ist ein starker Antrieb für eine Fach- oder Führungskarriere. Neben der Leistung braucht es dafür politisches und kommunikatives Geschick.

Frühere Generationen wussten noch: Wer zu viel arbeitet, hat keine Zeit mehr, Karriere zu machen. Inzwischen klagen die Arbeitgeber immer häufiger, dass gar keiner mehr Karriere machen will. Bewirbt man sich allerdings einmal um eine Fach- oder Führungsposition, scheint die Not doch nicht so groß: Man bekommt die Stelle meist nicht, obwohl angeblich überall ein dramatischer »Fachkräftemangel« herrscht. Wahrscheinlich liegt das daran, dass die vorhandenen Bewerber eigentlich allesamt nicht den Idealvorstellungen genügen, die sich die Strategen zusammengeträumt haben. Warum soll es im Berufsleben auch anders sein als im Privaten, wo sich Leute die besten Jahre ihres Lebens durch Tinder wischen – in der ständig enttäuschten Hoffnung, irgendwann müsste doch einmal ein Märchenprinz bzw. eine -prinzessin dabei sein, nicht wieder nur jemand ganz Normales. Das scheint auch in den Unternehmen so zu sein: So viele Bewerber, aber kaum einer, der wirklich alle Wünsche zu erfüllen verspricht.

Dabei gibt es die erstaunlichsten Wege zum Aufstieg. Bei einer Veranstaltung traf ich einmal eine Managerin, die später im kleinen Kreis ihre Überzeugung ausdrückte, sie habe Karriere gemacht, weil sie – wie in dem Buchklassiker empfohlen – »Bestellungen beim Universum« aufgegeben habe. Ich hielt es erst für ein Selbstironie, aber es war ernst gemeint. Die anderen Frauen aus der Führungsriege, die sie umringten, hörten gebannt zu: *Das Gesetz der Anziehung* wirkte also sogar auf dem Weg in die Chefetage eines deutschen Großkonzerns! An dem Beispiel kann man sehen, wie gut die neuen Quotenregelungen für Führungspositionen sind: Auch wer nicht an kalte Betriebswirtschaft glaubt, sondern an die geheimnisvollen *Regeln der Resonanz*, hat heute Aufstiegschancen.

Entscheidung für die Fach- oder Führungskarriere

Es gibt tatsächlich unermesslich viele Berufswege, die jeder von uns hätte theoretisch einschlagen können. Mit Ihrer Entscheidung für einen bestimmten Beruf, für die erste Stelle und einen bestimmten Arbeitgeber hat Ihr persönlicher Weg begonnen. Mit jeder Station drücken Sie dabei Ihre Talente, Vorlieben und Ambitionen stärker aus, lernen sie auch immer besser kennen. Einmal kommt die Entscheidung dazu, ob Sie auf dieser Basis nun eine Fach- oder Führungskarriere anstreben, also über sich selbst hinaus Verantwortung für den Unternehmenserfolg und Mitarbeiter übernehmen wollen. **Dafür steht der vierte Job-Motivator: Karriere.** Er ergänzt das generelle Interesse und die Freude an Ihrem Beruf um den Faktor Führung. Dahinter steht der Antrieb, sich stärker einzubringen, mehr zu entscheiden und zu gestalten. Der eine entwickelt sich mit einer inhaltlichen Spezialisierung zur Fachkraft, der andere mit einem Fokus auf Strategien, Konzepte, Budgets und Personal zur Führungskraft.

Anstrengung muss sich lohnen

Selbst wer vor allem aus Notwendigkeit arbeitet, wünscht sich dabei langfristig eine gewisse Perspektive: interessantere Aufgaben, höheres Einkommen, einen Prestigegewinn nach außen (z. B. einen höher angesiedelten Titel). Bietet eine Stelle nichts davon, ist das auf Dauer für jeden frustrierend und demotiviert. »Ist ja sowieso egal, wie ich mich anstrenge«, denken sich diese Arbeitnehmer nach einiger Zeit, »dann mache ich eben Dienst nach Vorschrift.« Damit nimmt die Leistung unweigerlich ab, denn diese Mitarbeiter sind desinteressiert und abgelenkt. Sie orientieren sich bald auf ihre Freizeit oder die Suche nach einer anderen Arbeitsstelle.

Ist ein Unternehmen dagegen zu sehr darauf fokussiert, dass seine Mitarbeiter »für die Arbeit leben« und einen Aufstieg anstreben, sind Enttäuschungen vorprogrammiert. Viele wollen oder können das nicht – sei es wegen ihrer Fähigkeiten, sei es wegen ihrer Prioritäten oder Umstände (z. B. wegen ihrer familiären Verpflichtungen). Diese Berufstätigen fühlen sich schließlich beiseitegedrängt und abgewertet, obwohl sie solide und zuverlässig arbeiten. Das Unternehmen schadet sich damit langfristig auch selbst, weil es für die vielen Standardaufgaben genau diese vermeintlich unspektakulären Mitarbeiter ohne weitergehende Ambitionen braucht.

Starke Leistung, aber nur einfacher Mitarbeiter

Erst vor drei Jahren hatte Niklas, an den ich mich beim Job-Motivator Karriere erinnere, bei einem großen Hersteller von Baustoffen angefangen. Er hatte eine kaufmännische Lehre abgeschlossen und arbeitete als Verkaufsberater. »In unserem Team bringe ich die besten Umsätze und habe immer gute Bewertungen von den Kunden«, sagte er. »Aber das sieht in der Geschäftsleitung niemand, weil unser Verkaufsleiter die

Gesamtzahlen präsentiert. Wer wie viel beigetragen hat, erfährt niemand. Dort wird aber entschieden, wer aufsteigt.«

Ihn ärgerte, dass seine Leistung an der entscheidenden Stelle nicht gesehen wurde, obwohl sie ihm die Beförderung bringen sollte, auf die er seit anderthalb Jahren hinarbeitete. »Leiste ich mehr, steht nur mein Chef besser da«, sagte er frustriert. So ganz offen wollte er es nicht sagen, weil sein übergeordneter Verkaufsleiter anfänglich sein Förderer gewesen war. Aber nach seiner Einschätzung wäre er inzwischen besser in dieser Position: »Ich könnte wieder was bewegen, das Team voranbringen.« Sein Chef, deutlich älter, wollte dagegen nichts mehr umwerfen, was schon zu einigen Spannungen zwischen beiden geführt hatte.

Als sein Vorgesetzter im Urlaub war, hatte Niklas ihn bereits vertreten dürfen und das nach Ansicht aller insgesamt gut gemacht. »Hier muss ich sagen, dass mein Chef alles für mich vorbereitet und mir dann alle Freiheiten gelassen hat«, gab Niklas zu. »Er hat einige Male angerufen und gefragt, wie es laufe, mich aber nicht kontrolliert, sondern seine Hilfe bei Bedarf angeboten und mich ermutigt, dass ich das schaffe.« Mehr noch: Als sich nach seiner Rückkehr herausstellte, dass Niklas sich bei einer Abrechnung vertan hatte und der Kunde sich öffentlich darüber beschwerte, entschuldigte sich Niklas' Vorgesetzter dafür und gab bei der Geschäftsführung an, dass es ein bedauerlicher Fehler seinerseits gewesen sei.

»Er ist wirklich ein guter Chef und ein feiner Mensch. Er hat auch dafür gesorgt, dass ich für meine Verkaufszahlen eine gute Prämie bekommen habe, ohne dass ich danach fragen musste«, sagte Niklas. »Allerdings komme ich mit meiner Karriere nicht voran, bin offiziell auch kein Stellvertreter, sondern ein einfacher Mitarbeiter.« Er war erst knapp 30, befürchtete aber schon, dass es nie klappen würde, wenn er jetzt nicht darauf drängen würde. »Mein Chef bleibt, wo er ist. Ich habe ein bisschen vorgefühlt, aber er will weder weiter aufsteigen noch früher in die Rente«, sagte er. Den Arbeitgeber wollte Niklas auch nicht wechseln; er hatte erst wenige Kontakte in der Branche und bisher kein konkretes Angebot von woanders erhalten: »Aber ich glaube, hier habe ich nie eine Chance und verliere nur noch mehr Zeit.«

Gerne Karriere, aber ohne Verantwortung

Wie bekannt, sieht die Karriereleiter von innen wie ein Hamsterrad aus – man muss sich schon gern abstrampeln, ohne dass je ein Ende absehbar wäre. »Sie geht steil nach oben, der Aufstieg ist meist anstrengend, und je höher man auf ihr emporsteigt, desto tiefer kann man fallen«, beschreibt das *Handelsblatt* sie und zitiert den Arbeitspsychologen Prof. Tim Hagemann von der Fachhochschule der Diakonie in Bielefeld. »Es ist ein Trend, nicht immer die Karriereleiter hochzusteigen, sondern eher zu überlegen, die Arbeit an die Menschen und ihre unterschiedlichen Lebenslagen anzupassen.« Gemäß dem Beitrag gäbe es den klassischen Karrierebegriff – »höher, schneller und weiter« – in dieser Form gar nicht mehr. Inzwischen werde er individuell bewertet und interpretiert und gehe nicht mehr immer mit Führungsverantwortung einher.[23] Allerdings gab es dieses begehrenswerte Sehnsuchtsprofil auch schon früher: Als »Frühstücksdirektor« wie eine Führungskraft behandelt und bezahlt zu werden, aber ohne unbequeme Verantwortung und Ziele; stattdessen hier und da folgenlos mitreden, *Impulse* geben, sich ansonsten bei Veranstaltungen zeigen und feiern lassen.

»Schon vor der aktuellen Krise lag die Messlatte hoch, nun sind die Forderungen der Unternehmen an das Engagement,

[23] Handelsblatt: *Zufrieden im Job ohne Aufstieg*, 23. Oktober 2023, https://www.handelsblatt.com/karriere/karriere-zufrieden-im-job-ohne-aufstieg-/29451960.html

die Belastungsfähigkeit und die Kommunikationsstärke ihrer künftigen ›Leader‹ noch ein weiteres Mal gestiegen«, schrieben Christian Püttjer und Uwe Schnierda, Coaches für Führungskräfte, kurz nach der Finanzkrise von 2008.[24] Im Vergleich zur heutigen Weltlage war das damals ein laues Lüftchen, und so wollen sich viele das gar nicht mehr antun, in diesem Umfeld noch die Rendite steigern zu müssen.

Zudem sind die Anreize dazu eher geringer geworden, seit *pseudoegalitäres Führen* – also vorgetäuschte Gleichheit zur Motivation der Belegschaft – als Ideal gilt. Nun muss man sich selbst als CEO über 50 noch regelmäßig einen Hoodie überziehen, mit dem Team aus Bierflaschen trinken und Pizza vom Lieferservice essen. Seit Elon Musk nicht mehr als Erlöser gilt und sich die zweifelhafte Ökobilanz von Batteriefahrzeugen herumgesprochen hat, bittet man seinen Fahrer sogar besser, nicht mehr mit dem Tesla S Plaid vor dem Haupteingang vorzufahren, sondern in der Tiefgarage zu warten. Da kann man auch gleich Teamleiter bleiben, sich auf geregelte Arbeitszeiten freuen – und muss sich nicht fragen, ob die Zweitvilla in Potsdam noch akzeptabel ist oder – wegen der AfD im Osten – besser wieder in den Taunus-Kreis oder an den Starnberger See verlegt werden sollte.

Eigene Leistung, aber auch Glück einkalkulieren

Nach einigen Berufsjahren, spätestens aber nach der ersten Enttäuschung in Bezug auf die eigene Karriere, entwickeln Arbeitnehmer realistischere Vorstellungen. Dazu gehört die häufig schmerzliche Einsicht, dass die besten Leistungen nicht zwingend zum nächsten Karriereschritt führen, sondern

---

[24] Püttjer, Christian und Schnierda, Uwe: *So gewinnen Führungskräfte im Vorstellungsgespräch: Wie Sie Headhunter, Personalprofis und Top-Manager überzeugen.* Campus Verlag, Frankfurt am Main, 2013

viele weitere Faktoren und glückliche Zufälle eine Rolle spielen. Mehr Realismus zeigt sich dann auch in der Beurteilung des eigenen Potenzials. Mancher darf angesichts der gezeigten Leistung mehr Selbstbewusstsein entwickeln, andere müssen lernen, etwas mehr Bescheidenheit zu zeigen und andere Lebensziele zu entwickeln. »Wann bin ich endlich dran?« wandelt sich dann nicht selten in »Will ich eigentlich wirklich die große Karriere machen?«. All das ist ein Entwicklungsprozess, in dem sich Selbstzweifel und -überschätzung zu Klarheit und Konsequenz wandeln.

Langfristiger Blick auf Ihren Aufstieg
Keine Karriere verläuft als stetiger Aufstieg, auch wenn man sich das als Berufsanfänger einmal so vorgestellt hat. Erwarten Sie stattdessen ein ewiges Auf und Ab: Erfolge und Rückschläge, schnelle Veränderungen und zähe Stagnation («Karriereplateaus»). Führt Sie diese Wellenbewegung, langfristig gesehen, hierarchisch und finanziell nach oben, haben Sie »Karriere gemacht«. Andere werden vor allem Ihre Erfolge sehen und glauben, dass Sie viel Glück hatten. Nur Sie und Vertraute wissen, wie viel mehr dahintersteckte.

Interesse anmelden, nicht nerven

Grundsätzlich schätzen Arbeitgeber ehrgeizige Mitarbeiter, wollen aber selbst vorgeben, wer befördert wird und wann. Betonen Sie bereits bei der Bewerbung, dass Ihnen eine Fach- oder Führungskarriere wichtig ist, forcieren Sie damit eine frühe Entscheidung. Sie kann zu Ihren Gunsten ausfallen, wenn man Sie unbedingt möchte oder braucht, ansonsten zu einer Absage führen, die Sie mit mehr Geduld vermieden hätten. Junge Mitarbeiter in vermeintlich unkonventionellen Firmenkulturen bekommen oft einen bedeutsam klingenden Titel, aber vor allem viel Arbeit ohne ausreichende Ressourcen – Budgets und Stellen – und auch ohne ein angemessenes Gehalt. Ihr Ehrgeiz wird ausgenutzt, aber ebenso ihre etwas naive Annahme und Hoffnung, Leistung würde automatisch belohnt. Sind Sie bereits angestellt, führt ständiges Drängen auf eine Beförderung häufig dazu, dass sich Vorgesetzte genervt fühlen und immer abwehrender reagieren.

Selbstverständlich empfiehlt es sich, Ihr Interesse etwa ein- bis höchstens zweimal jährlich (z. B. beim Mitarbeitergespräch) auszudrücken. Sagen Sie, dass Sie sich »perspektivisch weiterentwickeln« wollen, wird das verstanden. Bleibt das Angebot trotzdem aus, sollten Sie weitere Faktoren neben Ihrer Leistung bedenken: Haben Sie sich schon ausreichend um Unterstützer im Unternehmen bemüht, passen Ihr Auftreten und Ihr Image, sind Sie so einflussreich bzw. gefragt, dass Sie auf einer Beförderung bestehen können? Auch wenn Ihnen das widerstrebt: Wer Karriere macht, muss ebenso strategisch und machtpolitisch denken können. Ihren Ehrgeiz und Ihre Begeisterung sollten Sie allerdings nicht ausnutzen lassen. Passen Ihr Titel und Ihr Gehalt nicht zu dem, was Sie leisten, bemühen Sie sich um ein externes Angebot, fragen dann noch einmal intern nach oder wechseln gleich.

Aufstieg braucht mehr Zeit

Stellen Sie fest, dass Ihr aktueller Arbeitgeber Ihnen keine Aufstiegsmöglichkeiten anbieten kann oder möchte, sollten Sie höchstens noch ein bis zwei Jahre in Ihrer jetzigen Position bleiben. Beginnen Sie jedoch umgehend, aktiv zu werden, denn ein Wechsel nach oben braucht mehr Vorlauf als auf derselben Ebene. Es gibt wesentlich weniger Führungs- als

Mitarbeiterpositionen, zudem sind die Anforderungen spezieller. Gewisse Spielräume ergeben sich eventuell noch intern, wenn Sie bereit sind, in ein Aufgabengebiet oder in eine Abteilung zu wechseln, in dem oder in der es weniger Interessenten gibt. Typische Situation: In der Zentrale drängen sich die Bewerber, in eine etwas abgelegene Außenstelle will niemand. Sind Sie dazu bereit, können Sie vielleicht dort eine Leitungsposition übernehmen und später auf dieser Ebene in die Zentrale zurückkehren. Eine weitere Alternative ist die Entscheidung für eine Fachkarriere, also für die vor allem inhaltliche Leitung eines Bereiches, die auch mit Personal- und Budgetverantwortung verbunden sein kann. Bewerben Sie sich ansonsten extern und bauen Sie Ihr Branchennetzwerk aus.

Realistische Selbsteinschätzung

Möglicherweise haben Sie auch selbst einen Anteil daran, dass Sie bisher keine Karriere machen. Häufig liegt es gerade bei Jüngeren daran, dass sie die eigene Leistung und ihre Relevanz für eine Führungsposition falsch einschätzen. Holen Sie sich dafür regelmäßig *Feedback*, also Einschätzungen Ihrer Leistung durch den Vorgesetzten und erfahrene Kollegen ein. Wenn Sie meinen, dass Sie mehr als andere für eine Führungsposition geeignet wären, müsste es stichhaltige Argumente dafür geben. Gute Arbeit allein ist zu wenig. Das moderne Arbeitsumfeld erweckt bei vielen zudem den falschen Eindruck, dass es heute beim Aufstieg auf äußere Formen – Kleidung, Umgangsformen – nicht mehr ankäme. Doch es gilt auch heute: je weiter oben, desto konservativer, sofern Sie nicht der Gründer bzw. Eigentümer sind. Im verwaschenen T-Shirt, in alten Jeans und mit zweifelhaften Manieren bekommt man selten große Verantwortung und Budgets anvertraut und würde so auch viele Gesprächs- und

Verhandlungspartner befremden. Nicht zuletzt haben Sie eventuell zu lange gewartet, nun traut man Ihnen nicht mehr Potenzial zu. Ein Ausweg hier: Bewerbungen bei kleineren Unternehmen, die weniger Interessenten haben. Eine Leitungsfunktion in einem Ehrenamt (z. B. Vorstand einer Initiative) kann ebenso bei einem Imagewechsel helfen.

Objektive Erfolgskriterien

Dass Sie in Bezug auf den Job-Motivator 4, Karriere, an der richtigen Stelle arbeiten, erkennen Sie daran, dass Sie aufsteigen können. Natürlich ist es unmöglich, dass jeder Mitarbeiter eine Führungs- oder Fachkarriere macht. Aber diejenigen, die dazu befähigt und interessiert sind, sollten eine Chance haben. Das setzt voraus, dass weitgehend objektive Kriterien existieren, wer befördert wird, auch wenn aus vielen Gründen immer Ausnahmen existieren, etwa eine interne Bevorzugung von Frauen, jungen Mitarbeitern oder externen Bewerbern. Zudem wird dieser Prozess im Idealfall professionell vorbereitet und begleitet, etwa durch Seminare, Coaching und Mentoring. Einen hervorragenden Arbeitgeber bzw. Vorgesetzten erkennen Sie daran, dass er Sie – wenn er Ihnen nichts anbieten kann – weiterempfiehlt, Ihnen eventuell sogar hilfreiche Kontakte innerhalb der Branche herstellt.

Offenes Gespräch klärte alles

Mein Klient Niklas, der aufsteigen wollte, aber nicht an seinem Chef vorbeikam, suchte schließlich das offene Gespräch mit ihm: »Nicht als Vorwurf, ich wollte ihm nur einfach sagen, dass ich mich weiterentwickeln müsste und die Sorge habe, dass ich ansonsten den Anschluss verliere.« Zu seinem

Erstaunen war sein Chef weder verletzt noch fühlte er sich von seinem ehrgeizigen jüngeren Mitarbeiter bedroht. »Er meinte, dass das in meinem Alter normal sei. Ich sei zwar ein bisschen ungestüm und ungeduldig, aber ein Profi mit einer großen Zukunft.« Wenig später erhielt er eine Hausmitteilung von der Geschäftsleitung, dass er jetzt offizieller Stellvertreter sei, was auch im Organigramm so eingetragen wurde. Sein Gehalt wurde um 15 Prozent angehoben. Was aber wichtiger war: Sein Chef stellte ihn verschiedenen Mitgliedern der Geschäftsführung vor, die ihn sogar zu kurzen persönlichen Gesprächen empfingen, um ihn ein wenig näher kennenzulernen. Ein halbes Jahr später wechselte Niklas als lokaler Verkaufsleiter in eine der größten Niederlassungen, und sein Chef gratulierte ihm zu seinem Erfolg. »Ich hätte ihn nie hintergangen«, meinte Niklas. »Das wäre menschlich mies von mir und auch dumm gewesen. Für die jetzige Chance bin ich enorm dankbar und werde als Vorgesetzter versuchen, vieles wie mein früherer Chef zu machen.« Sie blieben auch später, als der Ältere in Rente ging, in freundschaftlichem Kontakt.

Aufstieg nicht garantiert

Für das Wort *Karriere* wird heute auf vielen Unternehmensseiten der englische Begriff *Career* benutzt, weil das vermeintlich gleich irgendwie trendiger klingt. *Career* ist allerdings mit *Laufbahn* besser übersetzt. Denn im Englischen verspricht dieses Wort gar keinen hierarchischen Aufstieg, sondern beschreibt nur, dass Sie bei verschiedenen Unternehmen, eventuell auch in unterschiedlichen Berufen arbeiten. Eine umfassende Untersuchung von Berufswegen in den USA ergab: Die große Karriere macht die kleine Gruppe von *High Performern*, die bereits bis zum 35. Lebensjahr so erfolgreich war, dass sie ihr anfängliches Gehalt verdoppeln konnte. Wer später in der Spitzengruppe mit den höchsten Einkommen bleibt, ändert sich aber enorm schnell. Alle paar Jahre sind es andere Leute, die zum bestverdienenden Prozent gehören.[25] Da müssen sich die anderen 99 Prozent also nicht fertigmachen: Eine interessante, solide bezahlte *Career* schaffen sie auf jeden Fall, sollte es auch mit der ganz großen Karriere nicht klappen.

Motivator-Tipp: Entscheidungsmacht nutzen, wo Sie können

Führung bedeutet, Entscheidungen und die Verantwortung dafür zu übernehmen. Der Diplom-Psychologe, Führungs- und Kommunikationstrainer Ulrich Dehner drückt das so aus: »Eine Grundvoraussetzung für jede Führungskraft ist die Bereitschaft, wirklich führen zu wollen und sich verantwortungsvoll mit Macht auseinanderzusetzen.«[26] Das beginnt mit guten Entscheidungen für sich, ehe man andere, gar größere Gruppen und Projekte führen kann. Wo vermeiden Sie bisher Entscheidungen und Verantwortung in Ihrem Leben? Beispiele: Der Status Ihrer Beziehung müsste geklärt, die Wohnung renoviert, das Konto ausgeglichen, Dokumente sortiert werden. Suchen Sie sich drei derartige Projekte aus, die bisher unerledigt sind, und gehen Sie sie an. Damit üben Sie, Verantwortung zu übernehmen, verbessern Ihr Leben aber auch praktisch.

---

25 Frankfurter Allgemeine Zeitung: *Karriere macht man früh,* 25. Februar 2015, https://blogs.faz.net/fazit/2015/02/25/karriere-macht-man-vor-35-jahren-alter-5387/index.html

26 Dehner, Ulrich und Renate: *Als Chef akzeptiert. Konfliktlösungen für neue Führungskräfte.* Campus Verlag, Frankfurt am Main, 2001

JOB-MOTIVATOR 5: WEITERENTWICKLUNG – IMMER DAZULERNEN

Eine gewisse Routine nach den ersten Berufsjahren ist angenehm, führt aber langfristig zu Langeweile und einem unmerklichen Abstieg. Wenn Sie nicht stagnieren wollen, brauchen Sie immer wieder eine neue Herausforderung.

Wer sich heute noch nach einer schmerzlichen Niederlage – im Job gescheitert, Projekt schiefgelaufen, Kunde verloren – einfach nur zurückzieht und versucht, es das nächste Mal besser zu machen, hat LinkedIn immer noch nicht verstanden. Gerade die beruflichen Tiefpunkte bieten die Gelegenheit, dem Kollegenkreis und der Branche seine persönlichen *Learnings* vorzustellen. »Das ist jetzt mein schwierigster Post« ist dafür immer ein guter Anfang, um Hemmungen vorzutäuschen, die man erkennbar doch nicht hatte. Blicken Sie dann öffentlich auf den Konkurs Ihres hoffnungsvollen Start-ups zurück, der parallel zu Ihrer schmutzigen Scheidung lief, können Sie enthüllen, was Sie vorher auch wussten, aber ignoriert haben: dass es ohne ausreichendes Startkapital und Gewinn nicht funktionieren konnte und privat nicht half, niemals entspannt und kaum daheim gewesen zu sein. Indem Sie ein Profitoto mit strahlendem Lächeln dazustellen, obwohl das nicht gerade zum Beitragt passt, zeigen Sie: »Jetzt erst recht!«

Würzen Sie altbekannte Weisheiten mit Anglizismen, so wirken sie neu und trendig, auch wenn Sie doch nur allgemein Bekanntes verkünden können. Nennen Sie Ihre verbesserten kleinen Alltagsgewohnheiten, etwa eine kalte Morgendusche oder einen abendlichen Spaziergang, beispielsweise nun *Atomic Habits*, Ihre veränderte Einstellung ein *Mindset* und die geplante nächste Weiterbildung ein *Upskilling*. Schon ist Ihre eigentlich gar nicht so ungewöhnliche Herausforderung – pardon: Ihre *Challenge* – eine inspirierende Fallstudie für alle, also eine echte *Case Study*! Sie haben dadurch dazugelernt, und Ihre Kollegen werden sich zumindest daran erinnern, wenn sie dann genau die gleichen Fehler machen. Und Sie können stolz zurückblicken: Sie haben andere inspiriert!

Neue Herausforderungen gegen reine Routine

Die persönliche Weiterentwicklung drückt sich meist in einer Fach- oder Führungskarriere aus, umfasst aber wesentlich mehr. Sie erfüllt auch das Bedürfnis nach intellektueller Herausforderung, nach kreativen Spielräumen und nach lebenslangem Lernen, damit es nicht langweilig wird. Ihr Beruf – und jede Ihrer Stellen – sollten es zumindest teilweise erfüllen, um auch nach vielen Jahren noch interessant, anregend und motivierend zu sein. Formale Weiterbildungen und informelles Lernen im beruflichen Alltag ergänzen sich dabei. Insgesamt sollte jede Stelle gewohnte Routine wie neue Herausforderungen bieten. **Der fünfte Job-Motivator heißt also: persönliche Weiterentwicklung.** Die beruflichen Interessen werden dabei meistens durch private ergänzt. So wollen viele Berufstätige noch eine Fremdsprache, eine neue Sportart oder ein Musikinstrument erlernen. Eine ausgewogene Berufstätigkeit erlaubt dieses fortlaufende Wachstum und schützt so vor geistiger und emotionaler Verarmung.

Langeweile im Job verhindern

Bietet eine Stelle dagegen kein inhaltliches Entwicklungspotenzial, wird sie oft schon nach wenigen Monaten langweilig. Bald erscheint sie, selbst bei hohem Arbeitsvolumen und Zeitdruck, erdrückend monoton: immer dasselbe, nur sehr viel davon. Das fällt immer schwerer. Nicht jeder wünscht sich einen hierarchischen Aufstieg, aber jeder möchte hier und da etwas dazulernen. Das kann eine gelegentliche Weiterbildung zu einer neuen Arbeitsmethode oder Technologie sein, eine andere Aufgabe innerhalb des Teams oder eine zusätzliche Rolle (z. B. Mentor für jüngere Kollegen). So bleibt der Job, selbst wenn ansonsten unverändert, interessant.

Ist die Lernkurve allerdings zu steil und hat sie nicht regelmäßig ein Plateau, kommen also ständig neue Herausforderungen auf einen Mitarbeiter zu, ohne dass er sich ausreichend erholen könnte, ist das nur für die kleine Zahl der besonders Begabten reizvoll. Für die meisten ist das zu anstrengend und langfristig nicht durchzuhalten. Dauernde Veränderungen, die immer wieder Nachdenken, Ausprobieren und Anpassen ohne Innehalten verlangen, erschöpfen sie. Die Leistung leidet, weil die Routinen fortlaufend verändert werden, immer wieder neu gelernt und geübt werden müssen. Das zeigt sich in einer erhöhten Fehlerquote, ebenso steigen Krankenstand und Fluktuation.

Der Wunsch, sich wieder stärker zu belasten

Seit rund vier Jahren arbeitete Ina – eine Klientin, an die ich beim Job-Motivator Weiterentwicklung denke – in einer inhabergeführten Strategieberatung. »Wirklich nett«, beschrieb sie die Atmosphäre. »Unsere Chefs kümmern sich um uns. Auch in schwierigen Zeiten waren unsere Jobs immer sicher. Ich kenne die Kollegen und Kunden gut und könnte, wie einige im Team, für immer bleiben.« Allerdings liebäugelte sie seit einiger Zeit mit einem Wechsel zu einem größeren Konkurrenten, der in der Branche als hart, fast aggressiv galt. »Aber da sind die großen Kunden und Projekte, da kann ich wieder was bewegen«, meinte sie. Da das Unternehmen größer war, konnte es ihr einen hierarchischen Aufstieg bieten.

Ina wusste von Branchenkollegen allerdings, dass dort ein deutlich höherer Erfolgsdruck herrschte, der Ton fordernder und ungeduldiger war, dass Mitarbeiter regelmäßig auch wieder gingen (oder gehen mussten), weil sie die Anforderungen nicht erfüllen konnten. Das schreckte sie nicht ab. Im Gegenteil: »Ich spiele gerne in einem starken Team mit, ich brauche es nicht gemütlich«, war sie sich sicher. Schon bei ihrem jetzigen Arbeitgeber arbeitete sie viel mehr, als sie musste, unterstützte Kunden bei Bedarf noch spätabends und schrieb viele Überstunden von sich aus gar nicht auf: »Ich leiste einfach gern etwas, das motiviert mich.«

Trotz ihrer hohen Arbeitsbelastung und Verantwortung wirkte sie keineswegs erschöpft, lachte viel, hatte Zeit für eine Beziehung und Hobbys und war immer perfekt gekleidet. »Ich bin gut organisiert«, war ihre Erklärung. Aber sie war auch überdurchschnittlich intelligent und belastbar. Mit ihrem Lebenspartner war sie sich zudem einig, dass sie keine Kinder wollten und die Arbeit vorgehen durfte. So gab es daheim nie Konflikte, wenn sie manchmal noch spät an einer Videokonferenz mit Kunden aus den USA teilnahm oder dringende E-Mails beantwortete. »Ja, ich lebe für den Job«, gestand sie, »aber das wirklich gerne.«

Bei einer Branchenkonferenz hatte sie den Geschäftsführer des Unternehmens, zu dem sie nun wechseln wollte, kennengelernt. »Er erzählte mir von der aktuellen Ausschreibung und meinte, dass ich perfekt passen würde. Ich dachte sofort, das wäre es, wollte aber noch genauer darüber nachdenken.« Sie fragte eine befreundete Kollegin in ihrem jetzigen

Team vertraulich um deren Meinung: »Sie war sofort begeistert und freute sich für mich, dass ich diese Chance bekommen könnte. Es würde ihr leidtun, dass wir uns dann nicht mehr jeden Tag sehen könnten. Aber kein Wort davon, dass ich lieber bleiben sollte.« Ina selbst allerdings zögerte: Ließ sie damit ihren aktuellen Chef und das Team nicht im Stich?

Wem nichts einfällt, der bucht eine Weiterbildung

Vernünftige Berufstätige kennen, wenn der aktuelle Job langweilt oder stresst, den besten Ausweg: Erst einmal eine Weiterbildung buchen, um nicht gleich wirkliche Entscheidungen treffen zu müssen. Das Angebot an Workshops, Seminaren und Kursen ist immer aufregend und überraschend, als würde man in den angesagten Modekatalogen und -shops stöbern. Die unzähligen Anbieter rücken jede Saison einen frischen, überraschenden Trend ins Schaufenster, nie wird es damit langweilig. Haben Sie inzwischen schon etwas mit *künstlicher Intelligenz* probiert oder sind Sie noch bei *Nachhaltigkeit*, *Diversity* oder *New Work* aus der vorherigen Kollektion?

Wer seit Längerem nicht mehr befördert wurde und mit seiner gelegentlichen Bewerbung bisher erfolglos blieb, zieht sich einen funkelnden *MBA in Digital Transformation*, eine schicke Zertifizierung als *Scrum Master* oder wenigstens als *Social-Media-Manager* über. Schon ist das bedrückende Gefühl, langweilig und abgemeldet zu sein, abgestreift. Man ist wieder dort dabei, »wo es gerade passiert«, und kann neu mitreden. Die Welt scheint wieder voller Chancen!

Vieles kehrt natürlich immer wieder zurück, aber geschickt so in den Details verändert oder wenigstens mit einem neuen Label versehen, dass niemand wagen würde, das verstaubte Original noch einmal hervorzuholen und überzuziehen. Die bewährte *Kundenbefragung* beispielsweise, die schon unsere

Großväter bei ihren Arbeitgebern praktiziert haben, klingt als *Design Thinking* wie eine Revolution aus Kalifornien, die wieder einmal alles verändert. *Agilität* könnte man auch weiterhin *Flexibilität* nennen (es ist nur das lateinische Wort dafür) und bedenken, dass kurzfristiges, ungeplantes Arbeiten eventuell nicht nur Vorteile hat. Die älteren Kollegen erinnern sich daran, als *kontinuierliche Verbesserung* als *Kaizen* modern wurde. Damals kamen die Trends noch aus Japan. Zwischen dem modernen Glitzer und Glitter halten sich aber auch einige Klassiker, die immer gehen: Eine *Microsoft-Office-Schulung,* ein *Präsentationskurs oder Business-Englisch* sind wie das kleine Schwarze: Das kann man sich schnappen, wenn es schnell gehen soll, und macht damit immer eine gute Figur.

Dabei lässt jeder Technologie- oder Methodik-Trend mit einer Mischung aus Begeisterung und Angst aufhorchen: Wird er meine Arbeit erleichtern – oder überflüssig machen? So hat mancher gehofft und gleichzeitig befürchtet, dass ChatGPT nun alles gleich selbst erledigen würde, sich eilig das kostenpflichtige Premium-Abo geholt und einen Einsteigerkurs gebucht. Bis er den wohlklingenden, aber teilweise komplett erfundenen Quatsch las, der ihm da ausgegeben wurde. So etwas hätte der Praktikant in seiner ersten Arbeitswoche nicht abgeliefert! Wie es aussah, musste man wohl doch noch weiterhin selbst Hand anlegen.

Den Entwicklungsweg finden, der zu Ihnen passt

Eine Führungskarriere erscheint den meisten Berufstätigen, die sich weiterentwickeln wollen, anfangs als das selbstverständliche Ziel. Weiterentwicklung, hierarchischer und finanzieller Aufstieg scheinen alles Synonyme füreinander zu sein. Je mehr Sie sich aber selbst verstehen und die Realitäten im Unternehmen beobachten, desto mehr fächert sich diese

Vorstellung auf und individualisiert sich. Für manche bleibt die klassische Chefposition das Ziel, für andere dagegen wird es nun die Fachkarriere mit einem stärker inhaltlichen Fokus. Wieder andere verlagern ihre diesbezüglichen Ziele weitgehend ins Private. Sie wollen »nur ihren Job erledigen«, dafür nach Feierabend in den Spanischkurs, Gitarre spielen oder Tanzen lernen. Es ist durchaus auch denkbar, derartige Interessen mit einem (neuen) Berufsziel zu verknüpfen. Das erfordert aber besondere Entschlusskraft und Konsequenz.

Erst Ihr Ziel klären, dann eine Weiterbildung
Weiterbildungen sind zeitaufwendig, oft auch teurer. Vieles ist interessant, die Zahl der Anbieter und Kursvarianten ist unübersehbar. Entscheiden Sie sich daher, ehe Sie sich irgendwo anmelden, für ein Ziel: Was wollen Sie konkret erreichen? Daraus ergibt sich, welche Maßnahme Sie inhaltlich und formal (Abschluss, Zertifikat) dahin führt und welche nicht. Selbst wenn Ihr Arbeitgeber Sie mit einer Freistellung unterstützt und die Kosten trägt, sollten Sie so vorgehen, um diese wertvolle Chance nicht unnütz zu vergeuden.

Ausgeschriebene Stelle im Fokus

Betonen Sie bereits bei einer Bewerbung, dass Sie sich weiterentwickeln wollen, wird man es eventuell so verstehen, dass Sie die ausgeschriebene Stelle nur als Sprungbrett sehen, weil Sie eigentlich etwas anderes wollen – und daher bei der nächsten Chance gleich wieder weiterziehen werden. Aber ein Job ist nicht zuerst ein bezahltes Weiterbildungs- und

Entwicklungsprogramm. Vor allem müssen die anfallenden Aufgaben erledigt werden. Häufige Mitarbeiterwechsel stören das immer wieder und kosten das Unternehmen Zeit und Geld, ohne dass es etwas davon hätte. Viele Positionen sind ehrlicherweise weder aufregend noch kreativ, auch wenn die Ausschreibung es immer so klingen lässt. Ein Aufstieg ist oft gar nicht vorgesehen. Im besten Fall sagt man Ihnen das vorab offen oder indirekt (»Sie werden hier nicht viel ändern können, sondern müssten sich einfügen«). Dann sind Sie zumindest vorgewarnt und können mit diesem Wissen entscheiden.

Eine geschickte Gegenstrategie ist es, sich zunächst klar auf die ausgeschriebene Stelle zu beziehen, aber dabei anzudeuten, dass Sie sich innerhalb dieser Rolle weiterbilden wollen, um sie bestmöglich auszufüllen. Damit rücken Sie den Vorteil für das Unternehmen in den Vordergrund, nicht zuerst Ihren eigenen. Ein erfahrener Personalmanager versteht dann schon, das Sie sich weiterentwickeln wollen, aber auch die Grenzen erkennen. Sie müssen das nicht aussprechen.

Ein Sonderfall ist es, wenn Sie die Weiterbildung direkt zu Beginn vereinbaren, wie es bei jüngeren Mitarbeitern oft üblich ist (z. B. aufbauendes Master-Studium parallel zum Berufseinstieg). Dann sind vor allem die organisatorischen Details zu klären, etwa die Tage, an denen Sie abwesend sein werden. Ansonsten sollten Sie auf jeden Fall die betrieblichen Weiterbildungsangebote erfragen, auf die man sicher stolz hinweist, aber erst gegen Ende des Gespräches hin.

Berufliche und private Interessen kombinieren

Stellen Sie fest, dass Ihr Arbeitgeber wenig für Ihre Weiterentwicklung tun kann, weil er etwa gar nicht die Größe oder das Budget dafür hat, müssen Sie schon im eigenen Interesse selbst aktiv werden. Möglicherweise können Sie eine Kofinanzierung und eine flexiblere Arbeitszeit aushandeln, solange die Weiterbildung läuft. Aber auch der Staat unterstützt

Sie durch Zuschüsse, steuerliche Absetzbarkeit und andere Hilfen. Mindestens alle drei bis fünf Jahre sollten Sie sich eine umfangreichere Weiterbildung – mehr als nur einen Vortrag oder Tageskurs – besuchen und dafür gezielt nach passenden internen und externen Angeboten recherchieren. Häufig lassen sich, wie erwähnt, berufliche und private Interessen effektiv miteinander kombinieren. Zum Beispiel: Seit einigen Urlaubsreisen interessieren Sie sich für Spanisch und haben über eine Sprach-App bereits einige Redewendungen gelernt. Möglicherweise hat Ihr Arbeitgeber auch Kunden in Spanien und würde deshalb einen Sprachkurs oder sogar eine Hospitanz in der dortigen Vertriebsgesellschaft unterstützen. All das müssen allerdings Sie vorschlagen und vorantreiben, die anderen werden es nicht tun. Selbst eine finanzielle und zeitliche Beteiligung Ihrerseits, etwa die Nutzung von Urlaubstagen, lohnt sich dafür aber oft.

Eigenverantwortung übernehmen

Eventuell haben Sie es in der Vergangenheit versäumt, sich regelmäßig weiterzubilden, und müssen nun feststellen, dass Ihre Abschlüsse veraltet sind und Ihr Fachwissen nicht mehr relevant ist. Das kann auch der Fall sein, wenn Sie zwar interne Kurse besucht haben, diese aber extern wenig Wert haben (z. B. Schulung im Firmen-CMS). Oft kommt es vor, dass Berufstätige davon ausgehen, dass die Personalabteilung dafür verantwortlich wäre, ihr Potenzial zu erkennen und ihnen entsprechende Maßnahmen vorzuschlagen. Geschieht das nicht, weil die Belegschaft zu groß dafür ist oder Sie nicht mehr zu den jüngeren Kollegen gehören, auf die sich das HR konzentriert, sollten Sie nicht mit Enttäuschung oder gar Trotz (»Dann eben nicht!«) reagieren. Besuchen Sie dann allerdings auch nicht wahllos irgendwelche Kurse, die Sie

»interessant finden«, um überhaupt etwas zu machen. Eine kurze, aber spezifische Weiterbildung wie ein MAS oder CAS kann hier sinnvoller sein. Prüfen Sie jedoch vorab kritisch, ob sie tatsächlich Ihre beruflichen Aussichten verbessern würde.

Eigenes Wissen weitergeben

Dass Sie in Bezug auf den Job-Motivator 5, Weiterentwicklung, an der richtigen Stelle arbeiten, erkennen Sie daran, dass Sie ständig dazulernen. Dabei sind Sie nicht dauerhaft überfordert. Ihre Lernkurve ist gelegentlich steil, wenn Sie etwa eine neue Aufgabe oder ein anspruchsvolleres Projekt übernehmen. Dann flacht sie wieder ab, und Sie können das Gelernte gedanklich verarbeiten und zur neuen Routine werden lassen. Im Idealfall bietet Ihr Arbeitgeber regelmäßig Weiterbildungen (Kurse, Zertifikate) an, entweder in eigenen Formaten oder bei externen Anbietern. Dabei sollten Ihre Interessen weitgehend berücksichtigt werden, wenn die Maßnahme auch dem Unternehmen nützen muss. So wird das lebenslange Lernen nicht zur zusätzlichen Pflicht und Bürde, sondern zur persönlichen Bereicherung. Daneben sollte es auch immer die Gelegenheit geben, dass Sie Ihr Wissen und Ihre Erfahrungen an andere weitergeben, z. B. selbst als Dozent oder Mentor.

Wechsel nicht bereut

Meine Klientin Ina entschied sich, bei ihrem geschätzten, für sie aber etwas zu gemütlichen Arbeitgeber zu kündigen. Sie würde bei der konkurrierenden Strategieberatung hierarchisch aufrücken, größere Kunden und Projekte betreuen können und mehr verdienen. »Keiner meiner bisherigen Chefs oder Kollegen hat mir übel genommen, als ich von dem Angebot erzählte und dass ich mich dafür entscheiden möchte. Im Gegenteil, sie haben sich ehrlich für mich gefreut und mir gratuliert.« Ihr bestätigte das noch einmal, dass die vergangenen Jahre nicht verloren waren, sondern dass sie sie in einem Team verbracht hatte, das sie bis zuletzt professionell und menschlich schätzte: »Aber ich habe deswegen nicht gezögert, meine Entscheidung war gefallen.« Die neue Stelle war genau so, wie sie es sich erhofft und erwartet hatte – nicht alles perfekt, aber anspruchsvoll und wieder herausfordernd. »Ich arbeite so viel wie vorher, verdiene aber mehr und lerne ständig Neues dazu«, erzählte sie. Als wir zuletzt darüber sprachen, ein Jahr nach dem Wechsel, wirkte sie genau wie vorher: alles unter Kontrolle, kaum Stress bemerkbar, obwohl sie viel davon haben musste. Mit ihrem vorherigen Arbeitgeber hielt sie engen Kontakt, besuchte ihre früheren Kollegen immer wieder einmal im Büro. »Das ist, als ob ich liebe Freunde wiedersehe. Aber den Wechsel habe ich nie bereut.«

Im Rückblick immer klüger

Was die eigenen Entscheidungen angeht, ist man im Rückblick ja generell immer klüger. Auch hier bietet sich LinkedIn an, um dann endlich allen mitzuteilen, was man angeblich schon »mit 18 gern gewusst hätte«. Nie ist allerdings unter diesen Beiträgen etwas, das damals geheim oder schwer zu erfahren gewesen wäre. Man wusste es nur seinerzeit besser als die Älteren, die bekanntlich »keine Ahnung haben«, und bestand deshalb darauf, »seine eigenen Erfahrungen zu machen«. Erstaunlicherweise sind diese Listen der rückblickenden Einsichten auch nie mit dem Entschluss verbunden, nun wenigstens jetzt auf die Älteren zu hören, die ja wiederum mehr dazugelernt haben müssten. Aber das bietet die Chance, in einigen Jahren die nächste Liste eigener Weisheiten online zu stellen: »Dinge, die ich mit 35 gern gewusst hätte«. Dazu gehören manchmal so einfache, aber grundlegende

Erkenntnisse wie: »Ich hätte nicht alles herauskrähen müssen, was mich damals für einen Moment aufgewühlt hat. Es war unklug, mich öffentlich mit Branchenkollegen zu streiten, vor denen ich später einmal im Bewerbungs- oder Verkaufsgespräch sitzen würden. Und, nein, das alles bringt einem keine *Top-Jobs*, sondern vor allem unnötigen Ärger.«

Motivator-Tipp: Ihre Entwicklung schlüssig erzählen

Aus- und Weiterbildungen sollten aufeinander aufbauen, in sich schlüssig sein und einander ergänzen. Nur dann überzeugen sie bei einer Bewerbung. Wenn Sie Ihre Berufsausbildung bzw. Ihr Studium und darauf folgende Weiterbildungen (Workshops, Kurse, Seminare) durchgehen: Welche persönliche Entwicklung erkennen Sie darin? Schreiben Sie in einigen Sätzen nieder, welche übergreifende Richtung Sie sehen. Überprüfen Sie dann, ob Ihr Lebenslauf sie verständlich und überzeugend wiedergibt. Passen Sie die Beschreibungen dort bei Bedarf entsprechend an und streichen Sie, was heute sowieso veraltet ist oder einen potenziellen Arbeitgeber verwirren würde. Es geht hier nicht um Vollständigkeit, sondern um Relevanz und ein schlüssiges Gesamtbild.

JOB-MOTIVATOR 6: GESUNDHEIT – HEILUNG VON FRUST UND STRESS

Körperliche, geistige und seelische Beschwerden können Hinweise darauf sein, dass Sie sich ständig überlasten und mehr für sich tun sollten. Sie können beruflich erfolgreich sein, ohne sich ständig zu überfordern oder deswegen gar krank zu werden.

Seit mehreren Jahren zeigen die Statistiken, dass sich heute die jüngsten Teammitglieder am häufigsten krankmelden. Es ist nur nachvollziehbar, dass sie sich schonen: Sie müssen schließlich von allen in der Belegschaft auch noch am längsten arbeiten. Wer nicht bis 30 mindestens zwei Sabbaticals gemacht hat, dem fehlen langfristig auch die Zeit und die Kraft, werktags bis ein Uhr morgens auf TikTok und Instagram herumzuscrollen, dabei einige Joints zu rauchen und sich dann im Büro über seine *Mental Health* zu beklagen. Da ist es nur selbstverständlich, dass die älteren Kollegen Rücksicht nehmen, indem sie als Letzte noch Überstunden machen und auf eine späte, wenn auch unwahrscheinliche Beförderung hinarbeiten. Aufmerksamen Chefs fällt natürlich auf, dass die spontanen Erkrankungen der Jüngeren vor allem freitags und montags auftreten, oft Hautveränderungen zurücklassen, die verdächtig den Einlassstempeln von Clubs ähneln und nicht selten mit dunklen Augenringen und anderen Zeichen von Übernächtigung einhergehen. Die Älteren sind da bodenständiger. Wenn sie sich wegen Rückenbeschwerden krankmelden, liegt es keinesfalls daran, dass sie seit Jahren kein Sportstudio mehr von innen gesehen haben, Übergewicht und eine schludrige Körperhaltung pflegen, sondern weil sie »für diesen Laden hier den Buckel krumm gemacht« haben. Manche üben sogar Risikosportarten aus, nähern sich beispielsweise ihrem Partner schon vor dem Morgenkaffee oder antworten ehrlich auf Fragen wie »Habe ich zugenommen?«. Da kann natürlich selbst der fürsorglichste Arbeitgeber nicht mehr viel tun, um Leben und Gesundheit zu schützen. Immerhin kann er durch eine kluge Zusammenstellung des Kollegenkreises dafür sorgen, dass immer geduldige Zuhörer darunter sind.

Viel leisten, dabei aber gesund bleiben

Vielen Berufstätigen kommt tatsächlich lange nicht in den Sinn, dass sie bei der Stellenwahl auch gesundheits- oder altersbedingte Aspekte berücksichtigen sollten. Häufig ist es erst ein unerwartetes Ereignis (z. B. ein Unfall oder eine schwere Erkrankung), das ihnen unerwartet Grenzen aufzeigt. Ab der Lebensmitte – also um die 40 – spürt jeder, selbst bei guter Gesundheit, dass die eigene Belastbarkeit abnimmt. Vieles, was früher kein Problem war, geht nun nicht mehr so gut – schwere körperliche Arbeit sowieso, aber auch ständiger Stress und Zeitdruck, viele Überstunden, Pendeln. Man braucht mehr Ruhepausen und Erholungszeit, und das muss der Job nun bieten. **Der sechste Job-Motivator heißt daher: Gesundheit.** Eine Tätigkeit, die einen körperlich, geistig oder seelisch erschöpft, ist ein häufiger Wechselgrund. Ebenso aber auch der Wunsch, mehr Zeit für diesen Lebensbereich zu haben, um beispielsweise endlich wieder regelmäßig zum Sportverein oder in den Yogakurs gehen zu können.

Keine Zeit mehr für planbaren Sport

Vernachlässigen Sie diesen Bereich bei der Stellenwahl, merken Sie das in jungen Jahren oft zuerst daran, dass die Zeit für regelmäßiges, planbares Training fehlt, wie es insbesondere für Mannschafts- und Vereinssport notwendig ist. Jenseits der 30 steigt das Gewicht, jedes Jahr einige Kilo mehr, und auch hier fehlen wieder Zeit und Kraft, um etwas dagegen zu tun. Oberhalb der 40 addieren sich die kleinen Wehwehchen, manchmal ist dann schon eine größere Operation oder längere Behandlung notwendig. Ist die aktuelle berufliche Tätigkeit anspruchsvoll und zeitaufwendig, kann das manchmal nicht mehr zu vereinbaren sein und einen Wechsel erfordern.

Wer sich allerdings zu sehr schonen will, vergisst, dass der Mensch an seinen Aufgaben wächst und oft mehr bewältigen kann, als er sich zutraut – und abbaut, wenn er das nicht tut. Gerade bei gesundheitlichen oder altersbedingten Herausforderungen kann der Beruf ablenken und motivieren, eine sinnstiftende Kontinuität bieten, wenn sich vieles andere verändert. Das vergessen heute einerseits junge Leute, die sich nichts zumuten wollen, andererseits viele Anfangsfünfziger, die gedanklich bereits auf Altersteilzeit und Vorruhestand fokussiert sind – und dadurch ihre besten verbleibenden Lebensjahre unambitioniert und abwartend verbringen.

Eigene Bedürfnisse zu lang vernachlässigt

Beim Job-Motivator Gesundheit muss ich an meinen Klienten Arne denken, Vertriebsleiter bei einem Handelsunternehmen. Als wir uns kennenlernten, war er knapp über 50 und seit fast zwei Jahrzehnten bei seinem Arbeitgeber. »Der Job ist noch immer spannend, aber auch ein ständiges Auf und Ab«, erzählte er. »Wir müssen um jeden Kunden und um jeden Auftrag kämpfen. Ich merke, dass mir das mehr zusetzt als früher; ich bin inzwischen manchmal tagelang ohne jeden Antrieb. Vielleicht wegen der Einsicht, dass es immer so weitergehen wird, keine ruhigeren Zeit kommen. Ich frage mich: Will ich das noch, und wie lange kann ich das noch?«

In den vergangenen Jahren hatte er deutlich zugenommen, insgesamt mehr als 20 Kilo. Verschiedene gesundheitliche Probleme waren dazugekommen. »Mein Blutdruck ist zu hoch, und der Arzt hat bei mir einen beginnenden Diabetes festgestellt. Er riet mir, mich mehr zu bewegen und abzunehmen.« Das Medikament gegen Bluthochdruck, das er verschrieben bekam, sorgte dafür, dass er häufig Kopfschmerzen hatte, sich benommen und erschöpft fühlte. »Ich habe trotzdem mit dem Laufen begonnen, bin direkt gestolpert und habe mir eine Sehne angerissen«, berichtete er. »Als das endlich entdeckt wurde, musste ich operiert werden und sechs Wochen einen Gips tragen. Das Laufen habe ich danach nicht wieder aufgenommen, obwohl ich es tun sollte.«

Ihm schien, dass ständig etwas dazwischenkam, das verhinderte, dass er wieder zu seiner früheren Form zurückkehrte. »Mein Arzt hat es zwar nicht direkt bestätigt, aber ich bin sicher, dass es mit meinem Job zu tun hat. Der ständige Stress, die Aufregung bei neuen Projekten, die Sorgen, wenn etwas schiefgeht – das fordert mich so, dass ich mich nicht mehr um mich kümmern kann.« Zwar hätte er die Zeit, zwei- bis dreimal wöchentlich ins Sportstudio zu gehen, sogar mit Begleitung eines Trainers, war aber meist so erschöpft, dass er sich lieber mit einer aufgebackenen Tiefkühlpizza, Chips und einem Bier vor den Fernseher setzte und bis spät in die Nacht irgendwelche Netflix-Serien anschaute.

Mehrmals hatte er seine Urlaubstage bereits mitten im Jahr aufgebraucht und auch einige unbezahlte Freistellungen erbeten, weil er nicht mehr die Kraft hatte, ins Büro zu kommen, sich aber auch nicht krankschreiben lassen wollte. »Aber da habe ich auch ein schlechtes Gewissen meinem Team gegenüber.« Er war inzwischen sicher, dass es so nicht mehr lange weitergehen konnte: »Ich spüre, dass ich älter werde. Vieles kann ich mit Erfahrung und Routine ausgleichen, aber die Leistung ist nicht mehr, wie sie einmal war«, sagte er. »Ich brauche eine ruhigere Stelle und mehr Zeit für mich. Aber ich weiß nicht, wie das gehen soll. Ich brauche das Einkommen, und woanders stellt mich in diesem Alter keiner mehr ein.«

Kein Wein und keine Zigaretten mehr im Büro

Als ich in den frühen Neunzigerjahren meine Berufstätigkeit begann, war es noch völlig normal, dass Vorgesetzte und Kollegen mittags ein Glas Wein und vielleicht ein, zwei Schnäpse tranken, sich nachmittags am Schreibtisch eine Flasche Wein oder Bier öffneten und werktags nach Feierabend in eine Bar gingen. Die Bürowände und Möbel waren nach jeder Renovierung bald wieder vergilbt, es wurde schließlich an fast jedem Arbeitsplatz geraucht. Ältere Fernsehserien und Retro-Formate wie *Mad Men* geben noch einen Eindruck davon. Ohne ein gefülltes Kognakglas in der Hand war eigentlich keine Konferenz ernst zu nehmen. Gelegentlich zeigten ältere Kollegen verblichene Fotos aus den Sechzigern, auf denen sie vergnügt mit Skatkarten im Büro zu sehen waren, über ihnen ein freizügiges Pin-up-Poster von Uschi Obermeier an der Wand. Heute würde das sofort eine Sexismus-Anklage bei der Personalabteilung und Krisengespräche auslösen.

Wir haben eine »krasse Ernüchterung des Arbeitslebens« erlebt, eine »stramm asketische Phase« des »Neoliberalismus«, nennt das *Handelsblatt* diese kulturelle Veränderung: »Eine gesundheitsbewusste Managergeneration regiert heute, schlanke und durchoptimierte Asketen wie Adidas-Chef Kasper Rorsted oder Google-CEO Sundar Pichai. Sie leben Verzicht, Bodenständigkeit und Fitness vor – und die Mitarbeiter tun es ihnen gleich. Gehen vor der Arbeit joggen, schwitzen beim Firmen-Zumba, haben das Rauchen aufgegeben, trinken ein Glas Sekt mit viel Orangensaft, wenn die Kollegin Geburtstag hat.«[27] Getrunken würde zwar schon noch, Drogen könnten sogar häufiger konsumiert werden, nur jetzt außerhalb des Büros. Am Arbeitsplatz will man ja nun auch moralisch das Soll erfüllen. Stattdessen empfiehlt es sich heute, stolz zu berichten, das man gerade wieder eine Kiste mit *Detox-Säften* zum Preis von edlem Weinbrandes bestellt habe und nicht glauben können, dass einfache Obst- und Gemüsesäfte zu solch bizarren *Geschmackserlebnissen* kombinierbar sind und so viel kosten können. Da muss es ja wirken!

Erstaunlicherweise haben die Klagen über gesundheitliche Probleme zugenommen, seitdem am Schreibtisch nicht mehr gefeiert, sondern nur noch gearbeitet wird. Seit es überall *achtsam, wertschätzend* und *bewusst* zugeht, dabei ständig mehr geleistet werden soll, steigen insbesondere die Krankmeldungen wegen psychischer Probleme. Die Forschung zeigt, wenig überraschend, dass Mobbing, ein unsicherer Arbeitsplatz, mangelnde Gerechtigkeit und Unterstützung zu den wichtigsten Ursachen einer Erschöpfung bis hin zur Depression gehören.[28] Da stellt sich die Frage, ob es für die Arbeitgeber wirklich ein so guter Tausch war, mehr *Flexibilität* durchzudrücken, wenn seitdem kaum noch ein Mitarbeiter mental stabil ist und sich an seine Stelle gebunden fühlt. Wieder mehr Amüsement statt Askese – mit Moraldiskussionen selbst um die Currywurst in der Kantine –, wieder mehr Lachen neben der Leistung wäre wohl ein Rezept dagegen.

---

[27] Handelsblatt: *Veränderte Trinkkultur – Wie Unternehmen den Rausch strategisch nutzen,* 4. Juli 2019, https://www.handelsblatt.com/arts_und_style/alkoholkonsum-veraenderte-trinkkultur-wie-unternehmen-den-rausch-strategisch-nutzen/24517246.html

[28] The Lancet: *Work-related causes of mental health conditions and interventions for their improvement in workplaces,* 14. Oktober 2023, https://www.thelancet.com/journals/lancet/article/PIIS0140-6736(23)00869-3/abstract

Nicht warten, bis der Körper eine Pause erzwingt

Es ist aber sinnvoll, wenn Berufstätige frühzeitig bei ihren Entscheidungen bedenken, dass ihre Leistungsfähigkeit mit der Zeit nachlassen wird, ohne deswegen gleich übervorsichtig und unambitioniert zu werden. Fast immer sind es jedoch erst ungewollte, manchmal äußere Umstände, die dieses Umdenken erzwingen, etwa ein Unfall oder eine Erkrankung. Die Zeichen der natürlichen Alterung deuten schon früh die kommenden Grenzen des Körpers und Geistes an. Man wird langsamer, kommt nicht mehr so wie früher mit, macht mehr Fehler, braucht mehr Ruhe. Das erfordert gelegentliche Anpassungen im Arbeits- und Lebensstil, eventuell eine Therapie und Medikamente, muss auch innerlich verarbeitet werden. Die eigene Endlichkeit erkennen und annehmen, darin eventuell sogar einen Sinn finden, ist letztendlich keine medizinische, sondern eine spirituelle Herausforderung.

Sich eigene Grenzen eingestehen

Zwar werden Bewerber mit körperlichen, geistigen oder seelischen Einschränkungen vom Gesetzgeber unterstützt, aber Arbeitgeber reagieren auf entsprechende Informationen doch sehr unterschiedlich. Es kann sein, dass sich dadurch Türen öffnen (»bei gleicher Eignung bevorzugt«) – oder schließen, ohne dass man es ihnen offen sagen würde, um sich keine Diskriminierung vorwerfen lassen zu müssen. Auch hier schwingt die Furcht mit, Sie könnten den Aufgaben nicht gewachsen und häufig abwesend sein. Bei einer offiziell anerkannten Schwerbehinderung wäre eine Trennung, sollte es für den Arbeitgeber nicht funktionieren, umso schwerer. Ähnlich sieht es für Bewerber über 50 aus, die trotz des ständig behaupteten Fachkräftemangels oft direkt aussortiert werden. Sie gelten als zu teuer und nicht mehr flexibel genug. Zudem ist die Belegschaft möglicherweise bereits überaltert.

Empfehlenswert ist es, zwar ambitioniert aufzutreten, aber die eigenen Grenzen zu kennen und zu respektieren. Fordern Sie sich in jedem Lebensalter heraus, aber in einem Maß, das Sie über mehrere Jahre durchhalten können. Drängt man Sie beispielsweise früh zu einer Führungsposition, obwohl Ihnen das noch zu viel wäre, lehnen Sie dankend ab (»Das ehrt mich, aber ich möchte erst mehr Erfahrung sammeln und Sicherheit gewinnen«). Brauchen Sie nach erfolgreichen, aber auch anstrengenden Jahren mehr Zeit sich und wollen deshalb nur noch in Teilzeit arbeiten, sollten Sie das auch aussprechen, auch wenn der bewusste Schritt zurück selten ist.

Das findet zwar anfangs häufig wenig Verständnis, ist aber angenehmer, als später eingestehen zu müssen, der Belastung nicht gewachsen zu sein. In späteren Jahren gilt das ebenso. Sie sind verpflichtet, Einschränkungen mitzuteilen, wegen denen Sie arbeitsvertragliche Pflichten nicht erfüllen können. Darüber hinaus ist es eine taktische Abwägung, wie offen Sie über gesundheitliche Probleme sprechen wollen. Manche Arbeitgeber honorieren diese Ehrlichkeit und bieten zusätzliche Hilfen an, andere sagen lieber unter einem Vorwand ab.

Vorsorgeuntersuchung als Neuanfang

Wenn Sie Ihre Gesundheit aus beruflichen Gründen schon länger vernachlässigt haben, kann eine allgemeine Vorsorgeuntersuchung (Blutdruckmessung, EKG, wichtigste Blutwerte) der erste Schritt für einen Neuanfang sein. Einerseits zerstreut manches günstige Resultat eventuelle Befürchtungen, andererseits wird Sie der Arzt auf mögliche Schwachstellen und Risiken hinweisen. Beides motiviert Sie, mehr auf Ihre Gesundheit zu achten – ausreichend Schlaf und Erholung, moderater Sport und gesundes Essen.

Mittags zum Sport oder mit Kollegen laufen

Insbesondere größere Unternehmen haben heute umfangreiche Angebote, um die Gesundheit ihrer Mitarbeiter zu fördern sowie gezielt ältere oder behinderte Kollegen zu unterstützen. Das beginnt mit entsprechend gestalteten Arbeitsräumen und -mitteln, etwa verstellbaren Schreibtischen und ergonomischen Tastaturen, reicht weiter über den Betriebsarzt und -psychologen bis zu Sportmöglichkeiten und Entspannungskursen. Wird das bei Ihnen bisher nicht angeboten oder ist – etwa wegen der Größe oder Lage Ihres Arbeitgebers – nicht möglich, finden Sie sicher selbst Alternativen. Manche kommen morgens mit dem Fahrrad oder suchen sich ein Sportstudio in der Nähe, das sie in der Mittagspause oder nach Feierabend nutzen. Beliebt ist es auch geworden, sich mit Kollegen zum Laufen oder zum Turnen an einem Vitaparcours zu verabreden, wenn es so etwas in einem Park oder anderswo in Ihrer Nähe gibt. Eine Grundvoraussetzung ist dabei immer eine angemessene Arbeitsbelastung, die Ihnen noch die Zeit und Kraft für all das lässt. Fehlt es daran, braucht es das Gespräch mit dem Vorgesetzten oder HR, eventuell auch mit dem Betriebs- bzw. Personalrat.

In kleinen Schritten aktiver werden

Eventuell tragen Sie auch eine Mitverantwortung dafür, dass Sie dem Beruf zuliebe Ihre Gesundheit vernachlässigen oder sich ständig überfordern. Das ist beispielsweise der Fall, wenn Sie mehr Verantwortung und Aufgaben annehmen, als Sie langfristig verkraften können. Die entsprechenden Gespräche mit dem Chef und den Kollegen sind zwar unangenehm, aber notwendig, um Ihre Belastung zu reduzieren. Erkennen Sie bei sich ungesunde Verhaltensweisen (z. B. bis in die Nacht vor dem Fernseher oder dem Internet zu sitzen, anstatt ausreichend zu schlafen; übermäßiges Essen oder Trinken), sollten Sie sich deswegen nicht verurteilen. Selbstvorwürfe machen es nur noch schlimmer. Sehen Sie sie eher als wertvolle Hinweise darauf, dass Sie wahrscheinlich überlastet sind und schrittweise etwas dagegen tun sollten. Beginnen Sie mit bescheidenen Ziele, dann sind Sie erfolgreicher damit. Statt sich zum Beispiel nach langen Phasen der Inaktivität direkt drei Besuche im Sportstudio wöchentlich vorzunehmen, beginnen Sie mit drei kurzen Spaziergängen pro Woche. Das schaffen Sie auf jeden Fall. Fällt Ihr Vorhaben trotzdem einmal aus, ist das kein Drama. Versuchen Sie auch nicht, es nachzuholen, sondern setzen Sie einfach Ihren Plan wie vorgesehen fort.

Den eigenen Fähigkeiten entsprechend gefordert

Dass Sie in Bezug auf den Job-Motivator 6, Gesundheit, an der richtigen Stelle arbeiten, erkennen Sie daran, dass Sie sich entsprechend Ihrer Leistungsfähigkeit einbringen können. Sie werden herausgefordert, aber nicht überfordert. Ihre Tätigkeit entspricht Ihren körperlichen, geistigen und seelischen Fähigkeiten sowie denen Ihres Lebensalters. Ihren Bedürfnissen in diesen Bereichen können Sie nachkommen, weil Ihnen neben der Arbeit noch ausreichend viel Zeit und Kraft dafür bleiben. Im Idealfall hat Ihr Arbeitgeber eigene Angebote, die das unterstützen (z. B. Sportstudio im Firmengebäude). Aber das ist meist nur für größere Unternehmen praktikabel. Können Sie sich in Ihrer Freizeit selbst darum kümmern und entsprechende Angebote nutzen, ist das gleichwertig. Das heißt nicht, dass Sie deswegen nie krank werden, aber Sie können sich immer wieder ausreichend erholen und sich bei Bedarf um Ihre Genesung kümmern (z. B. zu Arztterminen, Operationen, zur Reha oder zur Kur gehen).

Geplanter Karriereschritt zurück

Als mein Klient Arne über seine berufliche Zukunft nachdachte, verspürte er zuerst ein Gefühl: »Dankbarkeit gegenüber meinem Arbeitgeber, dass er mich in all den Jahren, in denen ich so oft krank war oder freinehmen musste, unterstützt hat«, meinte er und war über eine plötzliche Gefühlsaufwallung dabei selbst überrascht. »Nie habe ich einen Vorwurf deswegen gehört, weder offen noch angedeutet.« Aber nun wollte er auch Verantwortungsgefühl zeigen und einige überfällige Entscheidungen treffen. Er entschloss sich, die Abteilungsleitung abzugeben, und konnte, wie sich nach bald zeigte, als Key-Account-Manager im Team bleiben. Er half dabei, einen jüngeren Nachfolger zu finden, arbeitete ihn ein und unterstützte ihn danach bedarfsweise als Mentor. Mit dem Schritt zurück verband er eine Reduzierung seiner Arbeitszeit. »Mein Gehalt sank dadurch deutlich, aber ich konnte das auffangen, indem ich seitdem ein bisschen bescheidener lebe.« Seine ursprüngliche Idee einer Magenverkleinerung gab er nach Rücksprache mit seinem Arzt wieder auf. Schon durch weniger Stress, mehr Zeit für Sport und gesundes Essen nahm er schnell ab. »Vielen fiel erst nur auf, dass ich ›jünger‹ und ›frischer‹ aussehe. Aber da konnte ich schon sagen: 20 Kilo weg!« Beruflich war er froh, nicht mehr die Hauptverantwortung zu tragen, sondern nur noch ausgewählte Kunden zu betreuen: »Ich habe meinen Beitrag geleistet, es war an der Zeit, abzugeben.«

Kein Wettbewerb mit dem jüngeren Selbst

Mit zunehmendem Lebensalter ist es nur normal, ein bisschen langsamer zu treten. Man ist eben nicht mehr der Jüngste, das spürt man erstmals schon mit Mitte 30, also in einem Alter, in dem man nach heutigen Maßstäben eine *Senior Position* erreicht haben sollte. Dass der Wettbewerb mit dem jüngeren

Selbst auf Dauer nicht zu gewinnen ist, selbst wenn man alles in die Schlacht wirft, führen uns Prominente wie Madonna eindrücklich vor. Im besten Fall wird man zur tragisch-komischen Parodie seines früheren Erscheinens. Aber die anderen sehen trotzdem, wie viel mehr Mühe alles macht und gleichwohl weniger gelingt. Dann lieber ein wenig mehr Realismus – und anschließend sich und andere positiv überraschen.

Motivator-Tipp: Etwas für Körper, Geist und Seele tun

Wenn Sie bisher nur generell beklagen, dass Sie sich »nicht gut fühlen«, unterscheiden Sie: Geht es um körperliche, geistige oder seelische Beschwerden – und was können Sie dazu beitragen, um in allen diesen Bereichen mehr auf sich zu achten? Idealerweise planen Sie in Ihrem Wochenkalender mehrere kleine Einheiten dafür ein, jeweils 15 Minuten reichen schon. Beispiel: Ein abendlicher Spaziergang in Ihrer Nachbarschaft, anstatt wieder gleich vor dem Fernseher zu sitzen; ein Buchkapitel lesen, anstatt rastlos durch TikTok zu wischen; eine kurze Zeit der Meditation mit beruhigender Musik, anstatt sich bei Facebook über den nächsten Aufreger zu empören. Schon bald werden Sie merken, dass diese kleinen Veränderungen Ihnen guttun, Sie entspannen und stärken.

JOB-MOTIVATOR 7: SPASS – ENDLICH WIEDER AUF MONTAG FREUEN

Wer sich regelmäßig nur noch ins Wochenende rettet, hat bei seiner Arbeit und mit den Kollegen zu wenig Vergnügen. Es ist möglich, professionell und konzentriert zu arbeiten, aber sich auch zu freuen und viel zu lachen.

Bei vielen Berufstätigen ist das Privatleben inzwischen so anstrengend geworden, dass sie montags zur Erholung ins Büro kommen. Da sitzen sie – mit dunklen Augenringen, blass und wacklig auf den Beinen – am Schreibtisch und halten sich an ihrem ersten Kaffee fest. Während der Computer hochfährt, fassen sie die Ereignisse der vergangenen zweieinhalb Tage zusammen; das heißt, sie versuchen es. Die Kollegen verstehen nur Wortfetzen: »Kindergeburtstag mit 14 Gästen«, »Zwei Mädchen sind jetzt Veganer, aber wir hatten nur normale Torte«, »Der Hund hat ein Stück geklaut und dann alles vollgekotzt«, »Habe mir beim Abschied den Finger im Gartentor eingeklemmt und meinen Mann angeschrien, weil der noch doof gelacht hat«. Mehr braucht das restliche Team gar nicht, um erahnen zu können, welche Dramen sich außerhalb des sicheren Arbeitsplatzes nun wieder abgespielt haben. Welche Beruhigung, zurück in der sicheren Welt von Projektmeetings, E-Mail-Updates und Excel-Tabellen zu sein und durchatmen zu können. Nur die Ahnungslosen beklagen sich, dass der Zeitraum zwischen Montag und Freitag viel länger ist als der zwischen Freitag und Montag. Das gehört zur Fürsorgepflicht der Arbeitgeber, die damit dafür sorgen, dass die anvertrauten Mitarbeiter nicht durch zu viel Freizeit zu Schaden kommen. So manche Ehe wurde nur dadurch gerettet, dass mindesten einer im kritischsten Augenblick den rettenden Satz sagen konnte: »Wir sollten das dringend mal ausdiskutieren, aber ich muss jetzt wirklich ins Büro.«

Eine gute Zeit, und dabei Probleme lösen

Dass eine angenehme, freundliche oder sogar lustige Arbeitsatmosphäre ein Faktor bei der Stellenwahl sein soll, ist häufig erst für diejenigen selbstverständlich, die es schon anders erlebt haben. Doch es gibt eben auch Unternehmen, deren Kultur von Angst, Misstrauen und Feindseligkeit geprägt ist, wo man sich mit aggressiven, missgünstigen und intriganten Chefs und Kollegen auseinandersetzen muss. Das kann sich bis zu gezielten Schikanen (»Mobbing«) steigern. Nicht nur, dass die ständige Selbstverteidigung und Abwehr die eigene Lebensqualität belastet: Langfristig passt man sich selbst an die Atmosphäre an, um »zu überleben«. **Daher ist auch der siebte Job-Motivator wichtig: Spaß und Lebensfreude.** Er steht nicht dafür, die notwendige Ernsthaftigkeit und Professionalität zu vernachlässigen, sondern dafür, bei den gemeinsamen Herausforderungen und auch unter Stress eine gute Zeit zu haben, sich freuen und lachen zu können.

Bestätigung der eigenen Gefühlswelt

Eine bedrückte, freudlose Arbeitsatmosphäre ist eigentlich nur für diejenigen reizvoll, die bereits in solch einer düsteren seelischen Verfassung sind. Sie fühlen sich dadurch in ihrer eigenen Gefühlswelt bestätigt und finden schönfärberische Erklärungen dafür – sie seien eben »ernsthaft« und »professionell«, »Dienst ist Dienst und Schnaps ist Schnaps«. Alle anderen aber leiden, wenn Spaß und Lebensfreude am Arbeitsplatz fehlen. Zu einem gewissen Grad lässt sich das in der Freizeit kompensieren, etwa durch besonderen Fokus auf Partner und Familie oder vieles Reisen. Aber das hat jeweils auch seinen Preis und ist nie ein vollständiger Ausgleich für Defizite im Job, die eben auch emotional sein können.

Zu viel Spaß und Lebensfreude am Arbeitsplatz sind dagegen tatsächlich ein Problem, wenn deswegen die Ernsthaftigkeit, der Ruf des Unternehmens oder einzelner Mitarbeiter sowie schlussendlich die Ergebnisse leiden. Auch hier gilt: Das Unternehmen muss zuerst seinen Zweck erfüllen. Typische Anzeichen einer Fehlentwicklung in diesem Bereich sind Distanzlosigkeiten oder gar Übergriffigkeiten zwischen Vorgesetzten und Mitarbeitern oder innerhalb des Teams, ethisch fragwürdiges oder direkt unerlaubtes Verhalten (z. B. Onlineflirts oder Gaming auf dem Firmencomputer, angetrunken bei der Arbeit erscheinen, Spesenbetrug).

Ablehnung und Schuldgefühle hinterfragen

Möglicherweise ist es Ihnen bisher noch gar nicht in den Sinn gekommen, dass Arbeit auch Spaß und Freude machen darf. Oder Sie haben diese Vorstellung bisher abgelehnt, als unseriös und leichtlebig verurteilt: »Erst die Arbeit, dann das Vergnügen!« Sich vielleicht sogar schuldbewusst gefühlt, wenn es »zu gut« lief, weil danach bestimmt »etwas passieren« müsse. Überdenken Sie diese Überzeugungen (»Glaubenssätze«) gelegentlich: Welche Vorbilder oder Erfahrungen haben Sie dazu gebracht? Haben sie sich bewährt?

Immer in Angst, einen Fehler zu machen

Mein Klient Markus, an den ich beim Job-Motivator Spaß denke, hatte eine respektable Karriere als Marketingmanager bei einem weltweit tätigen Finanzunternehmen gemacht. »Wenn ich anderen sage, wo ich arbeite, sind sie immer beeindruckt«, meinte er bei unserem ersten Gespräch. »Tatsächlich verdiene ich gut, bin – zumindest manchmal – an spannenden Projekten beteiligt und habe einen Titel, der klingt, als hätte ich viel mitzuentscheiden. Aber wenn ich ehrlich bin, habe ich zunehmend Mühe mit der Stimmung im Unternehmen. Sie ist einfach richtig unangenehm, auch wenn ich das lange nicht richtig sehen und anerkennen wollte.«

Seine Teamkollegen arbeiteten an verschiedenen Standorten weltweit, mehrere durch eine großzügige Homeoffice-Regelung schon vor den Corona-Jahren dauerhaft von zu Hause aus. »So kommunizieren wir fast nur noch per E-Mail und per Teams-Call.« Dadurch veränderte sich die Dynamik: »Man kann nichts mehr persönlich besprechen, sich schnell mal einigen, wenn es Unklarheiten gibt oder ein Fehler entdeckt wird«, meinte er. »Manche nehmen das Telefon gar nicht mehr ab, wenn man doch noch einmal anruft, und reagieren auch nicht mehr auf eine Rückrufbitte.«

Erst nach einiger Zeit wurde ihm klar, dass es an dem generell angespannten Betriebsklima lag: »Jeder hat Angst, für einen Fehler verantwortlich gemacht zu werden und Ärger mit den Chefs zu bekommen. Daher läuft alles Wichtige nur noch per E-Mail mit mehreren Kollegen in Kopie, um immer beweisen zu können, dass es nicht an einem selbst lag und andere auch informiert waren.« Mehrmals hatte er selbst miterlebt, dass sich Kollegen im Teams-Call freundlich gaben, lachten und bei einem Versäumnis verständnisvoll abwinkten, nur um sich danach per E-Mail genau darüber zu beschweren – mit mehreren Vorgesetzten in Kopie.

»Spaß habe ich deswegen schon lange nicht mehr«, meinte er, »zumal auch sonst viel Getue und wenig dahinter ist. Wenn gelacht wird, dann aus Schadenfreude.« Er war mit dem Versprechen eingestellt worden, dass er sich *kreativ einbringen und kollaborativ arbeiten* könne: »Stattdessen sitze ich an Präsentationen, die auf den Vorgaben der globalen und der europäischen Marketingleitung basieren sollen. Schon da passt nichts zusammen, aber mir wirft man dann vor, dass das Ergebnis ein unlogischer Mischmasch ist. Eigene Vorschläge habe ich mir längst abgewöhnt. Es wird ja sowieso alles kritisiert und abgelehnt.« Eine ähnliche Ernüchterung beobachtete er bei Neuzugängen: »Erst sind sie euphorisch und stolz, hier arbeiten zu dürfen. Ein halbes Jahr später sitzen sie stumm vor ihrem Computer – mit Kopfhörern, auch wenn sie keinen Call haben – und sind verbittert wie alle anderen.« Inzwischen deprimierte ihn das so, dass er kündigen wollte, hatte aber keine Alternative.

Lachen? Aber doch nicht am Arbeitsplatz

Aus Kinderzeiten erinnert man sich in diesem Zusammenhang noch an missmutige ältere Herrschaften, die den ganzen Tag am Fenster saßen, ein Kissen unter den Armen, und ihr Revier überwachten: Lachte irgendwo jemand zu laut, ging unerlaubt über den Rasen, flog ein Ball zu weit? Sofort schritten sie mit einem scharfen Warnruf ein: »Hey, weg da! So geht das nicht – ich komme gleich runter!« Ihre Enkel sind heute bei den sozialen Netzwerken tätig und rufen jeden zur Ordnung, der die falschen Meinungen vertritt oder sich ungebührlich amüsiert, während sie doch gesellschaftlich engagiert auf ein Problem nach dem anderen hinweisen. Auch in Unternehmen gibt es diese Blockwarte der Verkniffenheit, die streng darauf achten, dass es niemandem zu gut geht. Wer hier Gehalt bezieht, so ihre Ansicht, hat schon genug Grund zum Lachen. Sollte sich jemand weiter amüsieren wollen, empfiehlt sich ein Gespräch zu den Entwicklungs- und Aufstiegschancen im Unternehmen, sobald man das 40. Lebensjahr hinter sich hat.

Ich selbst hatte einmal einen Vorgesetzten, der sich regelmäßig leise an geschlossene Bürotüren schlich, sie dann effektvoll mit großem Schwung aufriss und die versammelten Kollegen – schon vorbeugend mit zusammengekniffenen Augen – misstrauisch musterte. »Warum wird hier gelacht?«, konnte seine vorwurfsvolle Frage lauten, denn er war sicher, dass man sich nur heimlich über ihn lustig gemacht haben konnte. Oder auch: »Habt ihr nicht genug zu tun?«, denn wer am Arbeitsplatz noch vom Computer aufblicken und ein privates Wort wechseln konnte, war sicher nicht ausgelastet. Saß er an seinem Telefon, blickte er besorgt auf die Lämpchen, die laufende Gespräche anzeigten: Welcher Kollege telefonierte denn da nur so lange – sprach er am Ende mit jemandem in der Firmenzentrale, um ihn dort schlechtzumachen?

Für manche muss der perfekte Job zwingend schwierig und anstrengend sein, sonst zählt er gar nicht. So haben sie es gelernt. »Es gibt Menschen, die blühen in einer unangenehmen Arbeitsumgebung geradezu auf. Für sie sind grausame Chefs ein belebender Ansporn und absurde Termin- und Zielvorgaben eine wunderbare Herausforderung. Harmonie würden sie als verachtenswerte Schwäche empfinden, die alle abschlaffen lässt. ›Das ist doch hier kein Kaffeeklatsch‹«, beschreibe ich das in meinem Ratgeber *Perfektionismus ist ein Arschloch*[29]. »Sie sind wie diese bizarren Tiefseekreaturen, die nur unter höchstem Druck und in völliger Dunkelheit existieren können und sofort umkommen würden, wenn man sie nach oben ans Licht holen würde. Wo andere keinen Augenblick überleben würden, befindet sich ihre Komfortzone!«

---

[29] Albert, Attila: *Perfektionismus ist ein Arschloch: Gut genug ist meist am besten.* Gräfe und Unzer Verlag, München, 2021

Die Kunst liegt nicht darin, derartige Vorgesetzte und Kollegen zu überzeugen, doch auch wieder etwas Spaß zu haben, sich an etwas zu freuen oder einfach mal zu lachen, und zwar nicht nur aus Schadenfreude. Das wäre, als würde man einem Schneemann einen Strandurlaub empfehlen. Da hilft nur: Abstand halten, um sich nicht selbst einen emotionalen Gefrierbrand zu holen und selbst zu verkühlen.

Eigenes Verständnis von Professionalität klären

Berufstätige, die sich selbst mit diesem Bereich auseinandersetzen, landen unweigerlich bei einer persönlichen Auseinandersetzung mit der Frage, was Professionalität für sie bedeutet und beinhaltet. »Darf man bei der Arbeit überhaupt Spaß haben?«, könnte ein Aspekt davon sein. »Wird dann noch alles Notwendige erledigt oder macht bald jeder, was er will?« Mit ein wenig Berufserfahrung erkennt jeder: Besonders angespannte, freudlose Chefs und Kollegen sind häufig einfach überlastet oder verängstigt – und hoffen, durch strikte Selbstkontrolle auch die äußeren Umstände kontrollieren zu können. Mancher muss erst lernen, loszulassen und darauf zu vertrauen, dass durch Spaß und Lebensfreude nicht das Chaos ausbricht, sondern die Arbeit besser und leichter werden kann. Auch hier braucht es selbstverständlich eine gesunde Balance, die jeder für sich selbst finden muss.

Von Duz-Kultur bis Firmenevents

Zwar behaupten Arbeitgeber in den Stellenanzeigen heute zumindest indirekt meistens, dass es Spaß mache und eine Freude sei, bei ihnen zu arbeiten. Konkret erwähnt werden, je nach Branche und Unternehmen, beispielsweise: *kein Dresscode*, also keine Kleiderordnung, Duzen, regelmäßige Veranstaltungen von »After-Work-Events« bis zur Sommerparty,

»ein motiviertes, wertschätzendes Umfeld«. Allerdings gilt auch hier: All das ist Mittel zum Zweck; Spaß und Freude dienen zuvorderst den Unternehmenszielen. Betonen Sie zu sehr, dass Ihnen Spaß und Lebensfreude besonders wichtig sind, kommt leicht der Verdacht auf, dass Sie eine gewisse Ernsthaftigkeit vermissen lassen – zu sehr von den beruflichen Aufgaben abgelenkt sind, möglicherweise ein bisschen zu gern feiern und eventuell sogar trinken. Niemand wird solch eine Vermutung offen aussprechen, aber sie wäre naheliegend.

Sinnvoll ist es dagegen auf jeden Fall, die entsprechenden Angebote zu erfragen, aber besser zum Ende des Bewerbungsprozesses. Es sollte insgesamt der Eindruck entstehen, dass Ihnen die Arbeitsinhalte und die gute, professionelle Zusammenarbeit mit den Vorgesetzten und dem Team am wichtigsten sind. Bemühen Sie sich dabei um Begriffe bzw. Synonyme, die im beruflichen Kontext passen: »Kollegiale Atmosphäre«, »kooperativer, motivierender Arbeitsstil«, »gutes Betriebsklima« beispielsweise. Bereits im Anschreiben können Sie z. B. vermerken, dass Sie »verbindlich auch in anspruchsvollen Situationen« auftreten, also auch bei Stress freundlich und hilfsbereit bleiben. Erkundigen Sie sich, auf welche Weise das Unternehmen entsprechende Verhaltensweisen fördert. Achten Sie aber vor allem auf die Atmosphäre im Bewerbungsprozess: Wie geht man mit Ihnen um, wie fühlen Sie sich?

Anderen ein Vorbild sein

Ist die Atmosphäre an Ihrem Arbeitsplatz unangenehm, können Sie das selbst nur begrenzt ändern, sofern Sie keine übergeordnete Führungsposition haben. In jedem Fall können Sie ein Vorbild sein: Selbst immer freundlich auftreten, lächeln und andere ermutigen, wenn diese überfordert oder schlecht gelaunt sind. Hier zeigen sich Ihre Charakterfestigkeit und

Ihre grundsätzliche Einstellung, denn Vorspielen können Sie das anderen nicht lange. Solch ein Auftreten kann andere dazu inspirieren, sich ebenso zu verhalten, und neue Mitarbeiter dazu ermutigen, sich gar nicht erst dem bisherigen Umgangsstil anzupassen. Möglicherweise verändert sich dann langsam zuerst Ihr direkter Kollegenkreis, danach das Team, schließlich die Abteilung. Ein breit aufgestelltes Privatleben – Familie, Freunde, Hobbys – hilft Ihnen dabei, nicht jedes Problem in der Arbeit zu wichtig zu nehmen und einen Ausgleich zu haben. Mehr als ein bis zwei Jahre sollten Sie aber nicht bleiben, wenn Ihnen das Betriebsklima nicht entspricht: Am Ende ist es nicht Ihre Verantwortung, es zu ändern und sich dabei eventuell zu erschöpfen. In einem Umfeld, in dem es von Anfang an passt, arbeiten Sie gleich leichter.

Ständige Kritik und Ironie abstellen

Möglicherweise tragen Sie an Ihrem bisherigen Arbeitsplatz auch selbst dazu bei, dass die Atmosphäre nicht so angenehm ist, wie sie sein könnte. Überprüfen Sie dafür einmal, ob Sie einige der folgenden Verhaltensweisen zeigen: ständige Kritik an anderen, auch wenn Sie sie für berechtigt halten und konkrete Gründe dafür anführen könnten; herabsetzende und verletzende Bemerkungen, Lachen über andere statt mit ihnen. Das bedeutet nicht, dass Sie ein schlechter Mensch sind, aber möglicherweise belastet Sie etwas, das bisher auf diese Weise aus Ihnen herausbricht. Häufig verwendete Ironie (verdeckter Spott) ist dafür typisch. Beispiel: Sie sagen: »Das ist ja ein tolles Team«, meinen aber das Gegenteil. Bedenken Sie, dass Sie damit die Arbeit für sich und andere schwerer machen. Das regelmäßige Gespräch mit einem Mentor, Coach oder Therapeuten kann Ihnen helfen, herauszufinden, was Sie bedrückt oder selbst verletzt hat, und besser als bisher damit umzugehen. Sie müssen sich also nicht verstellen, sondern können sich und Ihre Erfahrungen konstruktiv einbringen. Wer eventuell schon im Privaten seine Mühe hat, anderen zu vertrauen, muss das im Beruflichen fast noch ein weiteres Mal lernen, kann das aber auch.

Jeden Tag gern zur Arbeit gehen

Dass Sie in Bezug auf den Job-Motivator 7, Spaß und Freude, an der richtigen Stelle arbeiten, erkennen Sie an einer heiteren Leichtheit: Sie gehen gern zur Arbeit, und das ohne Selbstzweifel, ob Sie das überhaupt dürfen. Sie freuen sich auf die anstehenden Aufgaben, auf Ihre Chefs und Kollegen. Gemeinsam lösen Sie professionell, aber auf angenehme Art die anstehenden Probleme, sind stolz auf Erreichtes, reden und lachen viel. Auch schwierige Aufgaben und Situationen ändern das nicht, sondern werden als normal empfunden und zusammen angegangen. Sie empfinden Ihr Gehalt deshalb nicht als Schmerzensgeld, sondern als normale Entlohnung für Ihre Tätigkeit, die für sich bereits bereichernd ist und Sie mit kompetenten, interessanten und sympathischen Menschen zusammenbringt. Nicht jeden Tag wird das so sein, aber insgesamt an den meisten.

Kollegen, die auch mal lachen können

Mein Klient Markus bewarb sich zunächst bei anderen Finanzinstituten, hatte aber in den Vorstellungsgesprächen bald das beklemmende Gefühl, dass es dort nicht anders sein würde: »Die verspannte Stimmung selbst beim Kennenlernen, die falsche Freundlichkeit, die Phrasen von *integrativer Kultur* bis *Vielfalt und gegenseitigem Respekt'* – das kannte ich alles schon zu gut. Nein danke, ich wollte wieder unter normale Menschen.« Schließlich wechselte er zu einer Beratungsagentur mit weniger als 20 Mitarbeitern. Den Eigentümer kannte er durch ein früheres Projekt und hatte zufällig erfahren, dass dieser Unterstützung suchte. »Schon durch den Größenunterschied ist es viel persönlicher«, erzählte er ein halbes Jahr später. »Das sind alles Profis, aber sie arbeiten seit Jahren eng zusammen, respektieren sich fachlich und persönlich. Die Meetings finden am Konferenztisch statt; regelmäßig spendieren die Chefs etwas zu essen. Wir reden auch über private Dinge, und es wird gerade bei schwierigen Projekten und Kunden viel gelacht.« Anfangs war es für ihn fast ein Kulturschock, dass Probleme offen im Team angesprochen wurden: »Aber nicht als Vorwurf, sondern als Analyse mit der Frage an alle, wie man es lösen und das nächste Mal vermeiden konnte.« Er hatte tatsächlich wieder Spaß und Freude an der Arbeit, fühlte sich insgesamt erleichtert und freier, wirkte bald auch auf andere jugendlicher und unbeschwerter.

Sich auf den Chef und die Kollegen freuen

In manchen Unternehmen werden Mitarbeiter, die am Montagmorgen übernächtigt und mit roten Augen erscheinen, ein wenig verächtlich gefragt: »Na, am Wochenende wieder ein bisschen zu viel gefeiert und getrunken?« Wahrheitsgemäß antworten diese: »Nein, nur viel geweint, weil ich nicht zur Arbeit durfte.« Tatsächlich muss, wer sich auf die neuen Aufgaben, auf den Chef und die Kollegen freut, gar nicht unbedingt ein furchtbares Privatleben haben, dem er endlich wieder entfliehen darf. »Und dafür gibt's noch Geld?«, muss keine rhetorische Frage sein, sondern kann echtes Erstaunen ausdrücken: Es macht so viel Spaß, dass Sie dafür fast sogar noch etwas bezahlen würden. Ihrem Vorgesetzten erzählen Sie das selbstverständlich nicht ständig, Vergnügungssteuer sollte dafür schließlich auch nicht fällig werden.

Aufschlussreich ist bereits, wie Sie sich vor und nach der Arbeit fühlen. Freuen Sie sich auf den Tag im Unternehmen und mit den Kollegen, auch wenn natürlich gearbeitet werden muss – oder versetzt Sie sich schon der Gedanke daran in eine so düstere Stimmung, als müssten nun wieder in einen dunklen Tunnel einfahren, obwohl Sie gar nicht im Bergbau arbeiten? Ein Licht am Ende gibt es immer, und das ist eben manchmal wirklich der Gebäudeausgang.

Motivator-Tipp: Zwei Eigenschaftsworte, die Ihren Tag beschreiben

Oft vergisst man schnell wieder, wie man sich an bestimmten Tagen gefühlt hat. Zurück bleibt nur ein Gesamteindruck, der auch täuschen kann. Notieren Sie sich für mehr Klarheit einen Monat lang jeden Morgen, wie Sie sich fühlen – und abends noch einmal. Dabei genügt jeweils ein Eigenschaftswort, beispielsweise: »aufgeregt«, »müde«, »genervt« oder »glücklich«. Blicken Sie nach einem Monat zurück und vergleichen Sie: Wie unterscheiden sich Ihre Gefühlslagen morgens und abends – und wie zwischen Werktagen und Wochenenden? Möglicherweise erkennen Sie aufschlussreiche Muster, dass Sie zum Beispiel meist besser gelaunt zur Arbeit gehen als zurückkommen (oder umgekehrt) oder dass Sie sich gar nicht an den Wochenenden erholen, sondern die Arbeit Sie belebt.

JOB-MOTIVATOR 8: LEBENSSINN – ANDEREN ETWAS GUTES TUN

Spätestens in der Lebensmitte haben viele Berufstätige den Wunsch, die Welt besser zu machen, etwas weiterzugeben oder anderen zu hinterlassen. Das kann ein Ehrenamt in Ihrer Freizeit bleiben, aber auch zum neuen Hauptberuf werden.

Wir leben in hochmoralischen, »weltverbesserischen« Zeiten, oder zumindest tun die meisten Unternehmen nach außen so. Man kann keine Tafel Schokolade mehr kaufen, ohne beim Blick auf die Packung darüber aufgeklärt zu werden, dass der Kakao *nachhaltig* produziert wurde, am besten von einem Frauenkollektiv in Selbstverwaltung. Bei der Autovermietung bekommt man im Hintergrund rührende Videoclips vorgespielt, ohne dass man darum gebeten hätte, um zu erfahren, wie das Unternehmen seine selbst empfundene *soziale Verantwortung* wahrnimmt. Der herzerwärmend ausgewählte Slogan dazu: »Tränchen trocknen«[30]. Sitzt man im Flugzeug, wird kurz vor der Landung um Geld für einen guten Zweck gebeten, denn die Airline ist »in der Welt, bei den Menschen« und teilt einem das selbstverständlich in vorbildlicher Gendersprache mit: »Jedes Projekt (wird) von einem:r

---

30 Regine Sixt Kinderhilfe Stiftung Tränchen trocknen, https://drying-little-tears.org

Mitarbeiter:in als ehrenamtliche:r Projektleiter:in betreut.«[31] Auf Google Maps können die Unternehmen vermerken, ob sie »von Frauen geführt« oder »LGBTQ+-freundlich« sind; auch eine »Unisex-Toilette« darf gern gelistet werden. Selbst auf dem Gesichtspeeling aus dem Drogeriemarkt steht nun, es wäre *vegan*, was beruhigend für den Fall ist, dass man doch einmal einen Klecks davon naschen wollte. Überall scheint nur noch das Motto der Pharisäer zu gelten: Tue Gutes, rede aber vor allem viel davon, wie gut du selbst bist. Als Kunde ist man heute fast versucht, sich nun vor allem Anbieter zu suchen, die sich nicht ständig die ganze Welt kümmern wollen, sondern einfach einmal ihren eigenen Job gut erledigen.

Zu etwas gehören, das größer als man selbst ist

Viele Unternehmen haben die Sinnfrage in den vergangenen Jahren überstrapaziert und derart moralisch überhöht, dass sie mit den wahren Motiven ihrer Angestellten nicht mehr viel zu tun hat. Gleichwohl haben die meisten Berufstätigen das Bedürfnis, nicht nur für den eigenen Vorteil zu arbeiten, sondern auch etwas Sinnvolles für andere zu tun. In jungen Jahren oft noch eher aus idealistischen Motiven heraus (»die Welt verbessern«), ab der Lebensmitte meist wegen des Wunsches, der eigenen Vergänglichkeit etwas Bleibendes entgegenzusetzen (»etwas hinterlassen«). **Der achte, letzte Job-Motivator heißt daher: Lebenssinn.** Bei ihm geht es immer um die Einbindung ins größere Ganze, das für jeden aber anders aussieht. Häufig sind es soziale, kulturelle, ökologische, politische oder religiöse Anliegen, die jemand mit seiner Arbeit unterstützen will – sei es durch eine Tätigkeit für eine entsprechende Organisation oder indirekt im jetzigen Beruf.

[31] Help Alliance, Deutsche Lufthansa, https://www.helpalliance.org

Sinnfrage meist ab Mitte 40

Wer seine Arbeit als sinnlos empfindet, tut sich nach einigen Berufsjahren tatsächlich schwer damit, sie noch motiviert und gut zu erledigen. Anfangs genügen noch der finanzielle und hierarchische Aufstieg, aber typischerweise ab Mitte 40 ist das zu wenig. Dabei muss die eigene Tätigkeit meist gar nicht unbedingt weltverändernd sein, nur eben auch anderen nützen – und das nicht nur materiell. Lässt sich dafür gar keine Bestätigung finden, bleiben diese Berufstätigen zwar mangels Alternative noch einige Zeit dabei. Aber sie haben ihren Antrieb verloren, »brennen nicht mehr für ihre Sache« und schauen sich insgeheim nach etwas Besserem um.

Arbeitgeber, die besonders stark auf Sinnfragen abstellen, enttäuschen ihre Mitarbeiter manchmal besonders: Sie können den eigenen Anspruch nicht einlösen, müssen sich sogar den Vorwurf der Heuchelei und Scheinheiligkeit gefallen lassen. Das ist immer der Fall, wenn das äußere Bild besser als die Arbeitsrealität ist, wenn etwa ein karitativ tätiges Unternehmen die eigenen Mitarbeiter schlecht behandelt – und sich wegen seiner vermeintlich gemeinnützigen Ziele dazu auch noch berechtigt fühlt. Gerade ethisch anspruchsvolle, engagierte Mitarbeiter, die »anderen etwas geben wollen«, sind sehr anfällig dafür, von anderen – die höhere Motive vorschieben – manipuliert und ausgenutzt zu werden.

Keine Zeit für das, was Ihnen wirklich wichtig ist

Seit mehr als zehn Jahren arbeitete meine Klientin Cordula, an die ich beim Job-Motivator Lebenssinn denke, bei einem Reiseveranstalter, der sich auf Osteuropa spezialisiert hatte. Sie hatte die Region oft schon beruflich wie privat besucht. Bei einer ihrer ersten Reisen waren ihr die verwahrlosten Straßenhunde aufgefallen, und es war ihr seitdem ein Anliegen, dass sich jemand um sie kümmerte. Zuerst hatte sie dafür gelegentlich Geld gespendet und sich später vor Ort einige private Initiativen angesehen, die sie mit ihrer Spende unterstützt hatte. Schließlich gründete sie mit einigen Freunden einen eigenen Verein, der Spenden in größerem Stil sammeln und die Hilfe professioneller organisieren konnte. »Ich bin die Vorsitzende, mache aber alles ehrenamtlich«, erklärte Cordula. »Es ist inzwischen ziemlich viel Arbeit, für die fast meine ganze Freizeit draufgeht.« Oft saß sie bis spätabends über der Projekt- und Finanzplanung, hatte Telefonkonferenzen mit den anderen Vereinsmitgliedern oder schrieb an potenzielle Unterstützer. Sie ließ sich nicht einmal ihre eigenen Ausgaben, etwa Reisespesen, zurückerstatten: »Mir ist wichtig, dass wir den Tieren helfen können.«

Ihre glücklichsten Momente waren, wenn sie ihre Projekte besuchen, mit ihren Helfern vor Ort sprechen und sich mit den geretteten Hunden beschäftigen konnte. »All das lässt sich aber immer schwieriger mit meiner Arbeit vereinbaren«, gab sie zu. Gelegentlich schrieb sie auch tagsüber, also in ihrer regulären Arbeitszeit, E-Mails für den Verein oder erledigte Anrufe, obwohl das nicht erlaubt war. »Ich fühle mich hin- und hergerissen. Meine Arbeit für den Verein ist inzwischen fast eine Halbzeitstelle, aber wir können es uns nicht leisten, mich dafür zu bezahlen oder jemanden einzustellen.« Aber sie merkte, dass die zweifache Belastung auf Dauer zu viel wurde, und wollte auch ihren Arbeitgeber nicht weiter hintergehen.

»Früher hat mich die Arbeit mit unseren Kunden begeistert. Ich habe gerne unsere Reisen vorgestellt, beraten und verkauft. Heute kommt mir das sinnlos vor, nur noch wie ein Mittel zum Zweck, weil ich das Einkommen brauche«, meinte Cordula in einem unserer Gespräche. »Am liebsten würde ich in Vollzeit für unseren Verein arbeiten, die Medienarbeit ausbauen, unsere Spender besser betreuen. Dazu häufiger vor Ort sein, damit auch dort alles läuft.« Mehrmals hatte sie schon durchgerechnet, mit wie viel Geld sie auskommen könnte, wenn sie ihre – sowieso bescheidenen – Ausgaben noch weiter einschränkte. »Aber es geht einfach nicht«, stellte sie immer wieder frustriert fest. »Ich müsste mehr für den Verein arbeiten, damit wir endlich mehr einnehmen und mich einstellen können. Aber ich kann nicht voll einsteigen, weil ich mein Geld woanders verdienen muss.«

Konzernkarriere ohne schlechtes Gewissen

Unter der Überschrift »Climate Quitting: Wenn Angestellte wegen der Umwelt kündigen« präsentierte in diesem Zusammenhang die Schweizer *Handelszeitung* kürzlich einen angeblich neuen Trend: »Auf LinkedIn ist er bereits angekommen. Dort gibt es Menschen, die verkünden, dass sie aufgrund ihrer Werte ihren Job gekündigt oder ihn nicht angetreten haben.« Die 25-jährige Protagonistin, eine Psychologie-Studentin, erklärte: »Für mich ist Nachhaltigkeit zu zentral, als dass ich in einem Unternehmen mit schlechtem Einfluss auf die Umwelt arbeiten könnte.«[32] Allerdings war sie, ausweislich ihres LinkedIn-Profils, mehr als fünf Jahre lang Flugbegleiterin bei Swiss und teilte im Interview mit, dass sie sich vorstellen könne, nach dem Studium bei Unilever einzusteigen. Das lehrt uns wieder einmal: Man muss die klassische Konzernkarriere einfach nur moralisch erhöhen, dann kann man sie ganz ohne schlechtes Gewissen durchziehen und kann sich dabei noch als vorbildlichen Systemrebell verkaufen.

Jeder wünscht sich mehr Sinn, aber weiterhin materiellen Erfolg, und viel Mühe sollte er auch nicht machen. Wunschdenken – heute *Manifestation* genannt – gilt daher

---

[32] Handelszeitung: *»Climate Quitting«: Wenn Angestellte wegen der Umwelt kündigen,* 16. Oktober 2023, https://www.handelszeitung.ch/beruf/climate-quitting-wenn-angestellte-wegen-der-umwelt-kundigen-644603

inzwischen als akzeptable Variante eines sinnstiftenden Karriere- oder Businessplans. »Jetzt beginnt die neue Ära, ein neuer Raum der *Wonder World* hat sich geöffnet«, schreibt eine der vielen Beraterinnen, die speziell Frauen in die Selbstständigkeit begleiten wollen. »Dein kristallines Lichtfeld wird in deinem neuen Leben alles anziehen, was deine Seele erfahren möchte! Du wirst deine Umsätze in deinem Business potenzieren!« Wer will sich da noch abmühen, ein Konzept zu schreiben und den Finanzplan durchzurechnen, wenn man nur seinen »wunderschönen *Lightbody* auf das nächste Level des Aufstiegs erheben« muss, um eine »plutonisch unterstützte Transformation, die Detonationstechnik der Superlative«, zu erleben? Die Überweisung der Kosten dafür, schnell ein vier- bis fünfstelliger Betrag, darf man allerdings nicht *manifestieren*, sondern muss sie regulär per Bank erledigen, Kreditkarten und Ratenzahlungen werden auch akzeptiert.

Geradezu altmodisch nehmen sich da all die Berufstätigen aus, die noch eine Ausbildung oder ein Studium abschließen, sich danach eine wirtschaftliche Grundlage aufbauen und ohne viel öffentliche Selbstdarstellung ihre Arbeit erledigen, sich um Familie, Freunde und vielleicht sogar ein Ehrenamt kümmern. Mit dieser Einstellung könnten sie heute jedenfalls kein politisches Spitzenamt mehr erreichen, beispielsweise Minister werden. Sie sind ja schon durch Sachkenntnis kompromittiert, haben viel zu realistische Ziele und legen zu lasche moralische Maßstäbe an andere an, die es noch nicht besser wissen, anstatt sie öffentlich zurechtzuweisen.

Herausfinden, was Sie als sinnvoll empfinden

Zwar wünschen sich wirklich viele Berufstätige spätestens ab ihrer Lebensmitte mehr Sinnhaftigkeit, stehen sich dann aber selbst im Wege. Einige sind desillusioniert (»Ich kann doch sowieso nichts ändern«) oder allem gegenüber skeptisch. Andere haben im Grunde Angst, sich auf etwas einzulassen, das ihre bisherigen Erfahrungen übersteigt oder hinterfragt. Bei der Auseinandersetzung in diesem Bereich geht es daher zuerst immer um die Suche nach einem persönlichen Anliegen und anschließend nach praktischen Wegen, sich entsprechend zu engagieren. Gleichzeitig aber auch hier in einem angemessenes Maß: Niemand kann die Welt ganz verändern, aber jeder kann – in seinem Sinne und Umfeld – einen Teil dazu beitragen. Diese Grenze, gezielt gesetzt, schützt Sie vor Überlastung und Ernüchterung, weil sich das große Ganze eben doch nur langfristig und schrittweise verändern lässt.

Ein Anliegen, das Sie persönlich berührt
Eine tragfähige, authentische Sinnquelle für das eigene Leben findet sich immer in der eigenen Biografie: Erfahrungen und Herausforderungen, die Sie selbst erlebt oder im direkten Umfeld beobachtet haben. Beispiel: Ihr Kind war lange krank, nun möchten Sie anderen Kindern helfen. Damit knüpfen Sie an persönliches Vorwissen an, können glaubhaft auftreten und eigene Erfahrungen einbringen. Sie müssen kein global bedeutsames, neues oder besonders originelles Anliegen finden, um etwas zu bewegen.

Arbeitgeber will führen

Da die meisten Unternehmen ihre erklärten Ansprüche selbst nicht wirklich praktizieren, sondern eher opportunistisch behaupten, werden sie im Bewerbungsgespräch oft misstrauisch, wenn ein Interessent zu sehr darauf besteht. Gern wird selbstverständlich gehört, dass er sich mit den hohen Zielen identifiziere und sie »leben« wolle. Geht es Ihnen aber vor allem darum, kommt bald der Verdacht auf, dass man sich mit Ihnen einen Idealisten und Querulanten ins Haus holen würde, der statt der tatsächlichen Unternehmensziele sich wirklich vor allem einer ethisch-moralischen Agenda widmen will. Auch hier gilt, dass die Arbeitgeber die Prioritäten und den Takt vorgeben wollen. Solch ein drängender Bewerber erscheint dann schnell zu kompromisslos, gar fanatisch – und damit nicht kompatibel mit einem komplexen, gewinnorientierten Umfeld mit vielen anderen Sachzwängen.

Im Idealfall bewerben Sie sich generell nur bei Unternehmen, bei denen Sie keine Spielchen spielen müssen, sondern weitgehend Ihr tatsächliches Wesen zeigen und Ihre Ansichten äußern können. Dazu gehört, was Sie wirklich beschäftigt und antreibt. Das kann und sollte ein zentrales Argument sein, wenn es zum Unternehmen und zu der Stelle passt, für die Sie sich interessieren. Beschreiben Sie in eigenen Worten und zudem am besten mit einem persönlichen Erlebnis, was Sie dazu gebracht hat und motiviert. Vermeiden Sie dabei im beruflichen Kontext zu private Einblicke (z. B. Bericht über traumatische Erfahrungen). Das könnten andere als unprofessionell und peinlich empfinden und Sie später ebenfalls bereuen. Wollen Sie ein ehrenamtliches Engagement anführen, sollte es zur Stelle passen. Ansonsten gehört es weder in den schriftlichen Lebenslauf noch ins Gespräch.

Alternativen im direkten Umfeld

Empfinden Sie Ihre derzeitige Tätigkeit als wenig sinnvoll, können Sie das zeitweise ausgleichen, indem Sie sinnstiftende Gelegenheiten in Ihrem jetzigen Umfeld suchen. Sei es im Unternehmen (z. B. jüngere Kollegen als Mentor unterstützen, eine Selbsthilfegruppe zu einem bestimmten Gebiet gründen), sei es in ihrer Freizeit (z. B. in einem Verein oder in einer Initiative aktiv werden). Langfristig ist es befriedigender, persönliche und berufliche Interessen zusammenzuführen. Das bedeutet nicht, dass Sie Ihre sonstigen Wünsche – Einkommen, Karriere usw. – komplett aufgeben müssen, aber eventuell Ihre Prioritäten anpassen. Beim ersten Nachdenken sind Berufstätige oft überzeugt, nun direkt zu einer NGO, Initiative oder Stiftung wechseln zu müssen. Später werden die Überlegungen nuancierter. Auch eine Berufstätigkeit in einem gewinnorientierten Unternehmen kann sinnstiftend sein, wenn Sie sich mit dessen Produkten oder Dienstleistungen identifizieren und glauben, dass Sie anderen helfen. Sie sind also nicht auf soziale, gesellschaftliche, ökologische oder ähnliche Anliegen festgelegt, sondern finden passende Optionen auch im regulären Arbeitsmarkt.

Etwas, das Sie direkt berührt

Eventuell war Ihnen dieses Thema bisher selbst nicht wichtig. Häufig stellt sich die Sinnfrage erst, wenn man sich beruflich etabliert hat und überlegt: War das jetzt alles? Im Idealfall gelingt es Ihnen, sich nicht opportunistisch an eines der jeweils aktuellen Trendthemen (z. B. Nachhaltigkeit, Vielfalt) anzuhängen, ohne selbst wirklich davon überzeugt zu sein. Es wird von anderen meist leicht durchschaut, wenn jemand ein Anliegen vor allem zur moralischen Selbstüberhöhung nutzt. Finden Sie lieber etwas, das Ihnen persönlich wichtig ist und Sie direkt betrifft und berührt. Oft ergibt sich aus Ihrer Biografie, aus eigenen Erlebnissen und Einblicken etwas, das authentisch ist und Sie auch langfristig trägt. Bei Ihrem persönlichen Lebenssinn muss es sich also weder um ein drängendes globales Thema (z. B. Klima- oder Umweltschutz) noch um klassische wohltätige

Anliegen (z. B. Flüchtlingshilfe, Tierschutz) handeln. Für Sie kann er auch darin liegen, am Arbeitsplatz fachlich und menschlich aufzutreten, für Ihre Kinder da zu sein oder sich in der direkten Nachbarschaft zu engagieren.

Für ein persönliches Anliegen einsetzen

Dass Sie in Bezug auf den Job-Motivator 8, Lebenssinn, an der richtigen Stelle arbeiten, erkennen Sie daran, dass Sie sich als Teil eines größeren Ganzen empfinden und das durch Ihre Tätigkeit ausdrücken und umsetzen. Ihre Arbeit ist mehr als reiner Lebensunterhalt und eigenes Vergnügen, Sie tragen damit auch dazu bei, dass sich die Dinge in Ihrem Umfeld und insgesamt verbessern. Sie haben sich für ein Anliegen entschieden, das Sie persönlich als sinnvoll betrachten – nicht für etwas, weil es gerade im Trend liegt und Ihnen damit Beifall von anderen sicher ist. Sie haben eigene Überzeugungen, für die Sie einstehen, zeigen sie mit Authentizität und Verbindlichkeit, anstatt andere deswegen belehren oder sogar herabsetzen zu müssen. Mit Ihren Vorgesetzten und Kollegen teilen Sie grundsätzliche Überzeugungen und Werte, ohne dass Sie sich in jedem Aspekt einig sein müssen.

Sicherheit und Flexibilität kombiniert

Meine Klientin Cordula, die am liebsten ganz für den Hilfsverein arbeiten wollte, den sie gegründet hatte, überlegte noch fast ein Jahr. Schließlich reduzierte sie ihre Arbeitszeit und arbeitete fortan nur noch dreieinhalb Tage pro Woche für den Reiseveranstalter, bei dem sie angestellt war. »Dieses Einkommen deckt meine wichtigsten Ausgaben – die Miete, Strom, Versicherungen, Lebensmittel«, erklärte sie. »Das gibt mir die Sicherheit, die ich brauche.« Die verbleibenden anderthalb Arbeitstage pro Woche war sie nun offiziell für den Verein tätig und erhielt dafür erstmals auch eine Aufwandsentschädigung. »In der Summe weniger, als ich vorher hatte. Aber das gibt mir die Chance, mich um mehr Spendeneinnahmen zu kümmern und regelmäßig ein verlängertes Wochenende bei unseren Projekten zu sein, ohne dass ich dafür immer erst Urlaubstage beantragen müsste.« Ihre Hoffnung war, dass sie die zeitliche Verteilung zwischen ihren zwei Jobs bald umkehren und irgendwann ganz für den Verein arbeiten konnte: »Die jetzige Lösung erfordert einige Koordination, aber sie bringt mich meinem Traum näher.« Schon jetzt befreite und erfüllte es sie, mehr Zeit für den Verein einsetzen zu können: »Es macht Spaß, andere Leute zu ihren Reisen zu beraten. Aber unsere Arbeit für die Hunde ist das, was mir wirklich am Herzen liegt.« Sie hatte sogar die Idee, beides einmal zu kombinieren, beispielsweise in der Form von organisierten Hilfsreisen, für die Teilnehmer bezahlten, damit die Kosten untereinander geteilt werden konnten.

Gute Arbeit hilft bereits

Dass eine wirtschaftliche Grundlage – am besten noch selbst erwirtschaftet – die Voraussetzung für alles Weitere ist, im Kleinen wie im Großen, gilt heute vielerorts als heikle These – ebenso, dass man dazu stehen kann, ein klassischer Wirtschaftsbetrieb und nicht die Heilsarmee zu sein, die sich ganz karitativen Zwecken widmet. »Der Kapitalismus und die freie Marktwirtschaft sind nicht perfekt, aber sie leisten seit Jahrhunderten Außerordentliches für die Gesellschaft: Sie sorgen mit Arbeitsplätzen, technologischen Durchbrüchen und Wohlstand dafür, dass Milliarden Menschen die Chance auf ein besseres und längeres Leben haben«, kommentierte die *Neue Zürcher Zeitung* dazu. »Unternehmen haben es nicht nötig, auf ›woke‹ zu machen.«[33] Das gilt auch für jeden einzelnen Berufstätigen: Sie tun Gutes schon dadurch, dass Sie Ihre Arbeit erledigen und damit anderen ihr Leben erleichtern. Wollen Sie noch etwas für die Gesellschaft darüber hinaus tun, ist das sehr löblich, aber schon mehr, als Sie müssten.

Motivator-Übung: Ein Vorbild aus Ihrem eigenen Umfeld

Geht es um Vorbilder, kommen vielen zuerst überragende historische Persönlichkeiten oder Prominente in den Sinn – meist allerdings stark idealisiert und daher kaum geeignet, ihnen nachzufolgen. Doch auch in Ihrem persönlichen Umfeld gibt es Menschen, die Sie – und später andere – inspirieren können. Überlegen Sie sich jemanden (z. B. ein Familienmitglied, einen früheren Lehrer oder Ausbilder, einen Chef oder Kollegen), der für Sie ein Vorbild war oder ist. Was können Sie aus dem Auftreten und den Entscheidungen dieses Menschen, der sicher ansonsten nicht perfekt war, ableiten? Schreiben Sie einige Lebensstationen und Charaktereigenschaften Ihres persönlichen Vorbilds auf. Danach, was Sie davon direkt oder abgewandelt übernehmen und später an andere weitergeben wollen.

---

33 Neue Zürcher Zeitung: *Der Kapitalismus leistet Außerordentliches für die Menschheit: Er hat es nicht nötig, auf »woke« zu machen*, 23. Oktober 2023, https://www.nzz.ch/meinung/der-kapitalismus-des-21-jahrhunderts-ist-woke-geworden-dahinter-steckt-mehr-opportunismus-als-sozialismus-ld.1752817

HERAUSFINDEN, WAS IHNEN GERADE WICHTIG IST

Unzufrieden im Job, obwohl er »eigentlich gar nicht schlecht« ist? Dann arbeiten Sie nicht (mehr) entsprechend dem Job-Motivator, der jetzt für Sie vordringlich wäre. So erkennen Sie, wo eine Veränderung inzwischen überfällig ist.

Für viele Berufstätige kommt einmal der Moment, in dem sie es nicht mehr verdrängen können: Irgendwas ist total schiefgelaufen. Sie führen überhaupt nicht das Leben, das sie sich immer vorgestellt haben. Da haben sie sich – naiv, wie man einmal war – vielleicht in jungen Jahren erträumt, Astronaut, Präsident oder wenigstens CEO zu werden. Bei Barbie mit all ihren Traumberufen hat es ja auch geklappt, und die war da noch nicht mal 40. Nun müssen sie ernüchtert feststellen, dass es schon knifflig genug ist, beruflich und finanziell auch nur halbwegs über die Runden zu kommen. Wer dazu noch einen liebevollen Partner will, nicht nur ein Hündchen oder eine Katze, braucht umso mehr verfügbare Zeit und Nerven. Zwar haben Haustiere bekanntermaßen viel mehr Verständnis für die eigenen, nur allzu menschlichen Unzulänglichkeiten, sind aber eben doch nur begrenzt ein Beziehungsersatz.

Die große Karriere haben diejenigen gemacht, die man schon in der Schule nicht leiden konnte, und das Traumschloss aus Kindertagen ist auch geschrumpft. Angesichts des Wohnungsmarktes muss man schon für zwei Zimmer Altbau mit Sanierungsbedarf dankbar sein. Statt des weitläufigen Gartens, den man sich für sich und die Kinder vorgestellt hatte, ist es nun eventuell nicht mal ein Balkon. Man muss dankbar sein, wenn wenigstens ein sauberer, halbwegs sicherer Park in der Nähe ist. All die hochfliegenden beruflichen und persönlichen Träume – verloren gegangen zwischen Abschluss und erstem Autokredit, für den noch die Eltern bürgen mussten. Soll das wirklich schon alles gewesen sein?

Manche hat sich während ihrer kaufmännischen Ausbildung vorgestellt, später einmal im eleganten Kostümchen selbst am Vorstandstisch zu sitzen und die Geschicke der Welt aus einem gläsernen Büroturm heraus zu lenken – oberste Etage mit Fernblick, wie man es in *50 Shades of Grey* gesehen hat. Nun ist das Büro ein abgewohnter Co-Working-Space im Hinterhof und das Kostümchen aus dem Zara-Ausverkauf. Das aufregendste Ereignis im eigenen Berufsleben besteht darin, dass einem in einem spontan verlängerten Meeting wieder einmal mit Schrecken einfällt: Jemand muss innerhalb der nächsten halben Stunde das Kind aus der Kita abholen und dann noch zu Lidl, und dieser Jemand ist man selbst.

Andere haben sich ausgemalt, wie aufregend es doch sein müsste, für einen der großen Konzerne mit einem weltberühmten Namen zu arbeiten. Nun drängeln CEO, Vorstand, Geschäftsführer, Bereichs- und Abteilungsleiter ständig, dass die Zahlen besser werden müssen, während man selbst keinesfalls eine Idee äußern darf, wie das erreicht werden könnte. Die Tage im lauten, überfüllten Großraumbüro – ohne eigenen Schreibtisch und ohne Telefonanschluss, es soll sich ja keiner mehr wie zu Hause fühlen – vergehen mit dem Schreiben und Beantworten komplizierter E-Mails mit jeweils zehn Kollegen in Kopie, mit dem Ausfüllen von Excel-Tabellen voller Formatierungsfehler und der Hoffnung, dass nach dem nächsten Urlaub alles besser werde, zumindest etwas leichter auszuhalten. Das ist jedoch für sich schon ein neuer Traum.

Ernüchternd ist für viele Berufstätige auch, wie wenig sich ihre Vorgesetzten für ihre Ideen und Vorschläge interessieren. Da wurde in der Stellenanzeige vielleicht noch gewünscht, dass man doch bitte *kreativ* und *lösungsorientiert* sein. Früher wurden sogar ausdrücklich *Querdenker* gesucht, bis dieser Begriff irgendwie aus der Mode kam. Nun, da man die Aufgaben, Projekte und Kunden aus seiner täglichen Arbeit kennt, damit tatsächlich sinnvolle Verbesserungen empfehlen könnte, will sie keiner hören. Mehr noch, der Vorgesetzte verdreht genervt die Augen: »Bitte konzentieren Sie sich erst einmal ganz auf Ihre Aufgaben.« Und Sie denken: »Das würde ich gern, und ich wüsste auch, wie ich sie besser und schneller erledigen könnte, wenn ihr mich endlich mal lasst.«

Der perfekte Job muss noch erfunden werden

Jeder weiß natürlich, dass es den perfekten Job nicht gibt. Wer ihn trotzdem sucht, wird bis zur Rente unzufrieden bleiben. »Mit den misstrauischen Augen des Perfektionisten sieht die Welt wie eine fortwährende Enttäuschung aus. ›Kann nicht einmal alles glattgehen!‹, wird dein ständiger frustrierter Ausruf. Dabei ist das Ergebnis oft gar nicht so schlecht und fast immer vollkommen ausreichend – aber eben Welten von jener Perfektion entfernt, die mit dieser Einstellung der Normalfall sein sollte«, heißt es dazu in meinem Ratgeber *Perfektionismus ist ein Arschloch.* »Sicher gibt es Perfektion, allerdings nur in kurzen, exotischen Momenten. Dann zeigt sie sich, so wie die ›Königin der Nacht‹ jährlich für einige Stunden ihre Blüte öffnet. Kurz darauf ist sie schon wieder verwelkt und müffelt nach Vergänglichkeit.«

Tatsächlich gibt es auch im Berufsleben perfekte Momente: Nach dem nervenaufreibenden Bewerbungsverfahren kommt das Vertragsangebot und ist erstaunlich gut; der ersehnte Arbeitsvertrag wird endlich unterschrieben. Das Büro stellt sich als überraschend schön heraus, der Chef und die Kollegen sind fachlich top und menschlich super. Das knifflige Projekt ist erfolgreich; das Unternehmen bedankt sich mit einer unerwarteten Prämie oder der Chance, in einer Tochtergesellschaft im Ausland zu hospitieren. Sie freuen sich auf den nächsten Urlaub, den Sie sich auch leisten können – und dürfen sich wirklich erholen, anstatt ständig im Hotelzimmer in *Teams-Calls* zu sitzen, was alle anderen normal finden: »Urlaub nennen wir: Meetings mit Aussicht!«

Zwischen all dem findet der Arbeitsalltag statt – mal aufregend, mal langweilig, mal hektisch und mal ruhig. Stört Sie allerdings etwas fortlaufend, warten Sie nur noch auf die seltenen perfekten Momente, besteht Handlungsbedarf. Wahrscheinlich stimmt es sogar, wenn Sie sagen, dass Ihr Job »eigentlich gar nicht schlecht« ist. Aber diese subtile Einschränkung bedeutet gleichzeitig: Etwas sollte besser werden. Nur was? Dabei will Sie dieses Kapitel unterstützen.

Persönlichen Eindruck mit den Fakten abgleichen

Auch in beruflichen Fragen achten manche vor allem auf subjektive Anzeichen (z. B. ihre Gedanken und Gefühle), andere eher auf objektive Hinweise (z. B. Zahlen und Fakten zum Thema). Beide Sichtweisen haben ihre Berechtigung und ihren Wert, auch wenn Ihnen eine wahrscheinlich näher und gewohnter als die andere ist. Folgen Sie bisher eher Ihrem Gefühl, so gleichen Sie es jetzt immer wieder mit den Fakten ab, um sich nicht selbst zu täuschen. Gehen Sie bisher vor allem verstandesorientiert heran, dann berücksichtigen Sie zukünftig auch, was Sie dabei empfinden.

Nachfolgend finden Sie zu allen acht Job-Motivatoren typische Anzeichen, dass speziell in diesem Bereich für Sie eine Veränderung vorteilhaft wäre. Gehen Sie alle durch und entscheiden Sie, wo Sie für sich Handlungsbedarf sehen und was jeweils Ihr Ziel sein könnte. Setzen Sie am besten zwei bis drei Schwerpunkte für Ihren nächsten beruflichen Schritt. Zum Beispiel: Sie wollen etwa zehn Prozent mehr verdienen und nicht mehr im Schichtdienst arbeiten, um mehr planbare Zeit mit Ihren Kindern und für den Sportverein zu haben. Nehmen Sie sich mehr vor, überlasten Sie sich schnell.

Geld: Knapp bei Kasse, unerfüllte Wünsche

Dass eine finanzielle Verbesserung unbedingt notwendig ist, merken Sie im schlimmsten Fall daran, dass Sie zwingende Rechnungen (z. B. Strom) nicht pünktlich oder überhaupt nicht mehr bezahlen können. Meist beginnt es aber früher: Sie können sich übliche Annehmlichkeiten (z. B. regelmäßige Friseurbesuche, Weiterbildung, Urlaub) nicht leisten, obwohl Sie arbeiten. Manche haben auch weitergehende Ziele, wollen sich etwa endlich eine Immobilie kaufen.

Bei vielen kreisen die Gedanken dann nur noch um ihre Geldsorgen und unerfüllten Wünsche, einige verdrängen sie dagegen komplett. Sie öffnen zum Beispiel keine Rechnungen und Mahnungen mehr in der Hoffnung, dass auch die anderen ihre Forderungen dann irgendwie vergessen. Fast immer fühlen sich Berufstätige mit finanziellen Sorgen minderwertig, auch als Mensch nicht genug anerkannt. Sie schämen sich dafür, anderen anscheinend »nichts wert zu sein«.

Schauen Sie hier zuerst auf die Entwicklung Ihres Einkommens in den vergangenen zehn Jahren und ob es aktuell für Ihre Branche und Tätigkeit angemessen ist. Wenn nicht, können Sie vielleicht innerhalb der aktuellen Stelle mehr heraushandeln. Ansonsten ist klar, dass Sie wechseln müssen. Das gilt auch, wenn Ihr Arbeitgeber keine Überstunden, Berufskleidung oder Arbeitsmittel vergütet – oder Sie teuer pendeln, eventuell gar mit einer Zweitwohnung.

Listen Sie dazu Ihre ungefähren monatlichen Kosten sowie Ihr Vermögen bzw. vorhandene Schulden (Dispo- und Ratenkredite, Käufe auf Ratenzahlung, privat geliehenes Geld) auf. Das mag erst einmal beängstigend sein, aber dann kennen Sie wenigstens Ihren Startpunkt. Übersteigt das Ihre Kraft oder haben Sie längst die Übersicht verloren, bitten Sie einen Verwandten oder Freund, mit Ihnen Ihre Unterlagen durchzusehen und zu ordnen. Das hilft, Scham und Verdrängen zu überwinden und wieder selbstbestimmt zu agieren.

Familie: Nie genug Zeit für die, die zählen

In jungen Jahren zeigt sich ein Mangel auf diesem Gebiet heute meistens daran, dass Sie ungewollt und lange Single sind. Sie wünschen sich einen Partner oder sogar schon eine eigene Familie, haben aber wegen der Arbeit keine Zeit und Kraft dafür. Später ändert sich das eventuell nur insoweit, dass Sie nun vielleicht in einer Beziehung sind und Kinder haben, sie aber wegen Ihrer Arbeit (z. B. Schichtdienst oder Überstunden) häufig vernachlässigen müssen.

Wer davon betroffen ist, fühlt sich regelmäßig zwischen beruflichen und familiären Verpflichtungen hin- und hergerissen, stillen oder ausgesprochenen Vorwürfen ausgesetzt – und das ausgerechnet von den Menschen, die er doch am liebsten hat. »Warum kommst du wieder so spät, wir wollten doch zusammen essen?«, heißt es an einem Abend. »Hast du nicht daran gedacht, dass wir die Geburtstagsparty fürs Wochenende vorbereiten müssten?«, ein anderes Mal.

Ein Blick in Ihren Kalender kann Ihnen dabei helfen, Ihr Gefühl – und das der anderen – mit den Fakten zu vergleichen. Notieren Sie eine Woche lang, besser einen Monat, wie lange Sie arbeiten. Addieren Sie den Arbeitsweg dazu – und sehen Sie, wie viel Zeit neben allen anderen Verpflichtungen für Partner und Familie übrig bleibt. Dafür gibt es kein festes Maß: Was angemessen ist, müssen Sie anhand Ihrer Umstände und Vorlieben selbst entscheiden.

Unterscheiden Sie bei Ihren Erwägungen, ob es sich um einen zeitweiligen oder dauerhaften Bedarf handelt. Die erste Zeit mit einem Kleinkind ist naturgemäß anstrengend, ebenso die Pflege eines kranken Angehörigen. Da können Sie jedoch auch zeitweise über Ihre Kräfte hinausgehen und Ihre eigenen Bedürfnisse zurückstellen. Handelt es sich jedoch absehbar um einen längeren Zeitraum, sollten Sie nicht ewig improvisieren, sondern handeln.

Team: Nie wirklich Anschluss gefunden

Wie eng Sie sich mit Teamkollegen verbunden fühlen wollen und ob es Ihr Wunsch ist, sie zusätzlich in Ihrer Freizeit zu treffen, ist eine persönliche Entscheidung. Das hängt viel vom individuellen Wesen ab. Aber wenn beides nicht der Fall ist, sind Sie eventuell in der falschen Gruppe. Das ist insbesondere der Fall, wenn Sie Vorgesetzte oder Kollegen haben, von denen Sie weder etwas lernen können noch dass Sie sie menschlich schätzen oder gern Zeit mit ihnen verbringen.

Selbst der belebteste Arbeitsplatz kann sich da bald sehr einsam anfühlen – sogar wenn der Umgangston oberflächlich freundlich ist. »Wirklich zu sagen haben wir uns aber nichts«, denken Sie und vermeiden gemeinsame Kantinenbesuche oder Teamevents. Schlimmer noch ist es, wenn Sie sich von den anderen hintergangen oder ausgeschlossen fühlen, also Respekt und Vertrauen fehlen: »Was mache ich nur jeden Tag unter diesen Leuten?« Um Ihr Gefühl zu objektivieren, könnten Sie die Namen Ihrer direkten Vorgesetzten und Kollegen auf eine Liste schreiben. Vermerken Sie dazu jeweils mit einem Buchstaben oder Symbol, wen Sie fachlich (F) und menschlich (M) schätzen und mit wem Sie gern Zeit (Z) verbringen. Wie vielen im Team haben Sie alle drei Markierungen gegeben, wie vielen zumindest zwei? Sie müssen nicht alle mögen, aber ein bis zwei wären das Minimum.

Manchmal zeigt sich im Rückblick, dass man sich vom Team entfremdet, sich eine anfangs gute Beziehung langsam abgekühlt oder ganz verschlechtert hat. Typischer Grund hier: Sie haben neue Interessen entwickelt, wollen etwas bewegen. Für die anderen soll alles bleiben, wie es ist – oder in eine andere Richtung gehen, als Sie es bevorzugen. In diesem Fall sollten Sie genauer überlegen, wann diese innere Trennung erfolgt ist und warum. Vorwürfe helfen hier nicht weiter, Sie haben sich beruflich »auseinandergelebt«

Karriere: Seit Jahren kein Aufstieg mehr

Die große Karriere ist gar nicht der Traum aller Berufstätigen, aber einen gewissen Aufstieg wünschen sich die meisten. Wenn Sie jahrelang nicht mehr – oder sogar noch niemals – befördert wurden, weder mehr Verantwortung noch größere Entscheidungsspielräume bekommen haben, merken Sie das an Ihrem Gehalt und an Ihrer Motivation. Sie strampeln sich ab, melden sich für Sonderprojekte, bilden sich weiter, bleiben aber, wo Sie sind. Man übersieht Sie scheinbar.

Wer trotz aller Bemühungen weder Fach- noch Führungskarriere macht, fühlt sich nach einiger Zeit persönlich zurückgesetzt und getroffen. »Was soll ich denn noch machen, damit meine Leistung gesehen und anerkannt wird?«, ist dann ein naheliegender Gedanke voller Frust und manchmal Wut. Möglicherweise geht Ihnen, was noch schwerwiegender ist, schließlich der Glauben an sich selbst und ihre Fähigkeiten verloren: »Vielleicht kann ich wirklich nicht mehr?«

Ein Blick in Ihren Lebenslauf hilft Ihnen, Ihren Eindruck zu überprüfen. Was ist seit dem Abschluss Ihrer Ausbildung passiert? Gehen Sie alle bisherigen Stationen durch und zählen Sie nach, in welchen Abständen Sie – wenn überhaupt – befördert wurden. Normal wäre: alle drei bis fünf Jahre. Seien Sie dabei ehrlich mit sich selbst: Haben Sie seinerzeit Chancen ausgeschlagen, wären Sie heute vielleicht mutiger oder konsequenter? Sie könnten Ihre bisherigen Karrierestationen zur besseren Veranschaulichung auch einmal in einem Diagramm eintragen: Auf der horizontalen Achse die Jahreszahlen, auf der Vertikalen die Ebenen, auf denen Sie bisher tätig waren (Mitarbeiter, Team-, Abteilungs- und Bereichsleiter usw.). Welchen Trend erkennen Sie? Ordnen Sie Ihre Positionen entsprechend der realen Verantwortung ein, wenn der Titel nach mehr klang, als wofür er wirklich stand.

Weiterentwicklung: Ewig nichts dazugelernt

Langeweile ist ein typisches Anzeichen dafür, dass Sie sich zu lange nicht mehr ausreichend weiterentwickelt haben. Das muss nicht heißen, dass Sie zu wenig zu tun haben. Auch ein hohes Arbeitsvolumen unter Zeitdruck kann sehr monoton werden, wenn Sie immer wieder dieselben oder ähnliche Aufgaben zu erledigen haben. Ihnen fehlt dann die intellektuelle oder kreative Herausforderung, Sie lernen nichts mehr dazu, sondern stagnieren. Das ist auf Dauer unbefriedigend.

Wer sich nicht weiterentwickelt, fühlt sich unterfordert und steigt gedanklich aus; der Job ist ja nur noch Routine. Zur Ablenkung flüchtet man sich in Sehnsüchte und

Tagträume, um die öden Arbeitstage zu überstehen – und zumindest in seiner Vorstellung ein aufregendes, interessantes Ziel zu haben. Mancher ist nur noch beim jeweils nächsten Urlaub, andere erträumen sich ein Leben am anderen Ende der Welt oder mit einem anderen Partner.

Um für sich zu überprüfen, ob Sie in Ihrer Entwicklung stagnieren oder nicht, lohnt ebenfalls ein Blick auf den Lebenslauf: Was ist Ihre höchste formale Qualifikation (Berufs- oder Studienabschluss), was haben Sie seitdem dazugelernt? Suchen Sie alle Zertifikate und andere Nachweise betrieblicher und privater Weiterbildungen zusammen, wenn Sie sie noch nicht parat haben. Die Scans davon brauchen Sie später sowieso für Ihre Bewerbungen. Interessant ist in diesem Zusammenhang auch, ob Sie regelmäßig Ihre gewohnte Stelle verlassen haben: Reisen Sie gelegentlich zu Branchenveranstaltungen wie Messen oder Konferenzen, treffen Sie Kollegen an anderen Standorten oder bei Partnerunternehmen, nehmen Sie an abteilungsübergreifenden Projekten oder Kursen teil? Nur bei solch einem Austausch und Vergleich merken Sie, wie aktuell Ihr Profil und Wissen noch sind.

Gesundheit: Erholung vom Job dringend nötig

Oft wird gesagt, dass die Gesundheit das Wichtigste sei. Gleichzeitig gibt es viele Jobs, die ehrlicherweise nur zu schaffen sind, wenn man bereit ist, sich – zumindest für eine gewisse Zeit – die Gesundheit zu ruinieren. Zu bestimmten Berufsbildern gehören Schlafmangel, ungeregelte Arbeitszeiten, keine Zeit und Kraft für Sport, viele Dienstreisen mit hektischen An- und Abreisen, schlechtem Schlaf in Hotels und ungesundem Essen unterwegs. Wird solch ein Lebensstil, wie er in beruflichen Aufbauphasen oder bei besonders wichtigen Projekten nie ganz zu vermeiden ist, allerdings zum

Dauerzustand, merken Sie das: Ihr Gewicht ist zu hoch oder zu niedrig, Sie fühlen sich mal aufgedreht, mal erschöpft. Ihr Körper zeigt Zeichen einer Überlastung (z. B. Schwindelgefühl, nervöses Augenzucken, Schlafstörungen). Auch Alkohol- oder Drogenmissbrauch zum Ausgleich sind häufig.

Eine objektive Einschätzung erlaubt der Blick auf Ihre Krankschreibungen und sonstigen gesundheitsbedingten Ausfälle in den vergangenen Jahren. Wie viele Tage waren es jeweils, wie hat sich das entwickelt? Eine allgemeinärztliche Untersuchung (Gewicht, Blutdruck, EKG, Blutbild) zeigt Ihnen, wie es um Ihre Gesundheit bestellt ist. Notieren Sie auch einmal einen Monat lang, wie oft Sie beim Sport waren und sich an freien Tagen erholt haben. Durchaus ein Hinweis auf eine Überlastung ist es auch, wenn Sie nur mit einer Vielzahl von Maßnahmen durch Ihren Arbeitsalltag kommen: gegen den ständigen Stress meditieren oder Eisbäder nehmen, ein Tagebuch führen, um depressive Gedanken oder Ängste zu bewältigen. Diese Maßnahmen haben zwar ihre Vorteile, tragen aber eventuell auch dazu bei, dass Sie eine grundlegende Lösung (z. B. weniger anstrengender Job) verschleppen.

Spaß: Seit Langem nicht mehr gern zur Arbeit

Wenn Ihnen die Arbeit weder Spaß noch Freude macht, merken Sie das daran, dass Sie ungern an Ihren Arbeitsplatz, zu Ihren Vorgesetzten und Kollegen kommen. Langfristig stellen Sie fest, dass Sie sich negativ verändern. Möglicherweise waren Sie früher ein zuversichtlicher, fröhlicher Mensch. Nun ertappen Sie sich dabei, dass Sie misstrauisch werden, über andere lästern und schimpfen, um sich etwas besser zu fühlen.

Die allgemeine Stimmung in einem Unternehmen und im Team ist fast körperlich spürbar und auch gut zu beobachten: Wird viel gelacht, sind die Blicke offen, hilft man einander – oder ist es still, hält jeder seinen Kopf lieber gesenkt, hört man höchstens genervte oder boshafte Bemerkungen? Schauen Sie sich einmal in Ihrer Abteilung um, als wären Sie ganz neu im Unternehmen: Wie wirkt die Atmosphäre, wie wirken Ihre Kollegen auf Sie?

Abgleichen können Sie Ihren Eindruck mit der Zahl der Krankmeldungen und der Fluktuation (Mitarbeiterwechsel) im Team – sind sie recht hoch, steigen sie gar? Manche Unternehmen führen auch eigene Befragungen zur Zufriedenheit der Belegschaft durch, die intern veröffentlicht werden. Nicht zuletzt ist ein Blick auf die Bewertungsportale im Internet aufschlussreich, in denen aktuelle und frühere Mitarbeiter ihre Wahrnehmung beschreiben.

Ein zweifelhaftes Kriterium ist die Verweildauer im Unternehmen. Es kann ein Zeichen von Zufriedenheit sein, wenn viele Kollegen ewig dabei bleiben, aber auch bedeuten, dass sie zu gering qualifiziert, ehrgeizig und mutlos für einen Wechsel sind. Auch hier verrät Ihnen der Ton alles: Sind die »Veteranen im Team« noch mit Interesse und Begeisterung dabei – oder klingt es, als würden sie eine lange Strafe absitzen (»Ich muss nur noch zehn Jahre«)?

Lebenssinn: Das Gefühl, Zeit zu verschwenden

Die Überzeugung, keine sinnvolle Arbeit auszuüben, kann sich auf zweierlei Weise einstellen: mit der Einschätzung, dass Ihre Tätigkeit eigentlich – über das Geldverdienen hinaus – von der Gesellschaft nicht gebraucht wird oder sogar schädlich für sie ist. Oder aber von etwas abgehalten zu werden, das Ihnen eigentlich wichtiger wäre. Im ersten Fall fühlen Sie sich gelangweilt und suchen den Ausgleich anderswo, im zweiten fühlen Sie sich ungeduldig. Möglicherweise ertappen Sie sich regelmäßig dabei, dass Ihre Gedanken von der

Arbeit woanders hinwandern. Sie haben das Gefühl, Sie sitzen Ihre Zeit nur ab und müssen sich mit etwas beschäftigen, das Sie weder interessiert noch erfüllt. Wer bisher gar nicht weiß, was er eigentlich als sinnvoll empfinden würde, denkt häufig an ferne Orte, an denen es interessanter und erfüllender sein müsste. Andere wissen bereits, was sie anzieht.

Der Blick auf Ihre bisherigen Aktivitäten in diesem Bereich zeigt Ihnen, was Sie persönlich für sinnvoll halten. Das können aktive Mitgliedschaften und Ehrenämter sein (z. B. in einem Verband oder Verein, in einer Partei, Gewerkschaft oder Kirche), mit welchen Anliegen Sie sich immer wieder beschäftigen, wo Sie meinen, dass »mehr getan« bzw. sich »etwas ändern« müsste. Das können Sie weiterhin nebenbei machen, aber zukünftig durchaus auch hauptberuflich.

Interessant ist in diesem Zusammenhang, was Sie beim Blick auf die Mission (Zweck) bzw. Vision (Ziel) Ihres Arbeitgebers empfinden, wie sie meist auf der Website veröffentlicht werden. Treibt das genannte Anliegen Sie auch um, ist es Ihnen gleichgültig oder sind Sie sogar dagegen? Gegen einen pragmatischen Umgang damit ist nichts zu sagen, Sie müssen nicht von allem überzeugt sein. Aber Sie vermeiden Wertekonflikte und sind engagierter, wenn Sie es unterstützen.

Aktiv werden, um etwas zu verändern

»Ein Job, der interessant und angemessen bezahlt ist, noch dazu in einem netten Team – das sind ja gleich drei Wünsche auf einmal«, werden Sie vielleicht skeptisch denken. »Das geht nun wirklich nicht!« Aber tatsächlich gibt es auch die Berufstätigen, für die es insgesamt stimmt: Ihr Job ist nicht perfekt, aber in der Summe genau richtig. Ärgerliche Kleinigkeiten hier und da lassen sich damit leicht hinnehmen und anderweitig ausgleichen. Entscheidend ist allerdings, dass Sie – wenn Sie identifiziert haben, in welchem Bereich sich bei Ihnen etwas ändern müsste – aktiv werden: Ihre bestehende Stelle möglichst verbessern, sich ansonsten eine bessere suchen. Nur wie lange soll man noch abwarten, ob es nicht vielleicht von selbst besser wird oder sich ohne eigenes Zutun eine unerwartete Chance auftut? Hinweise auf den richtigen Zeitpunkt finden Sie im nächsten Kapitel.

Motivator-Tipp: Regelmäßig evaluieren, wo Sie beruflich stehen

Nur selten nimmt man sich im Alltag die Zeit, genauer darüber nachzudenken, wo man beruflich steht und wo man hinwill. Machen Sie es sich zur Gewohnheit, es ein- bis zweimal jährlich fest einzuplanen. Möglicherweise bieten sich in Ihrem Jahreskalender bestimmte Termine an, für die Sie das fortlaufend eintragen wollen, damit Sie es nicht vergessen. Beispiel: In der Zeit zwischen Weihnachten und Neujahr, in der meist sonst nicht viel los ist, könnten Sie zukünftig immer die Unterlagen für Ihre Steuererklärung ordnen und zusammenstellen. Dabei erinnern Sie die Belege wieder an die Ereignisse des vergangenen Jahres und Sie könnten sich Ihre Gedanken dazu notieren. Ein anderer guter Termin ist nach den Sommerferien, wenn Sie erholt und voller Entschlusskraft sind.

WISSEN, WANN ES ZEIT FÜR EINEN WECHSEL IST

Man kann sich jahrelang vertrösten und mit Alltagsaufgaben und Urlauben ablenken. Doch an bestimmten Zeichen erkennen Sie, dass Sie lange genug gewartet haben und die überfällige Veränderung endlich angehen sollten.

Wenn Sie in Ihrem Job nicht glücklich sind, können Sie sich jahrelang selbst beschwichtigen, sogar richtiggehend belügen. Sich einreden, dass er »doch gar nicht so schlecht« sei, obwohl Sie sich auf jeden Fall Besseres vorstellen könnten; sich sagen, dass Sie sich »eigentlich nicht beschweren« können, obwohl Sie sofort mehrere Gründe dafür parat hätten; sich daran erinnern, dass Sie über die jetzige Stelle »froh sein« müssen, obwohl Sie es nun gerade nicht mehr sind. Fragen Sie Freunde und Verwandte um Rat, hören Sie: »Willst du das wirklich aufgeben? Überleg's dir noch einmal, woanders ist es auch nicht besser.« Peng, sind die eigenen Zweifel bestätigt.

Schon wissen Sie nun aber auch, was zu tun ist: Sie planen den nächsten Urlaub, obwohl der letzte noch nicht richtig abbezahlt ist, überlegen sich ein paar schöne, wenn auch nicht gerade zielführende Weiterbildungen und nehmen sich vor, all die Netflix-Serien durchzuschauen, die interessant sein könnten. Die Kinder bräuchten sowieso auch gerade mehr Hilfe mit den Hausaufgaben und die Katze müsste dringend mal wieder zum Tierarzt. Schon haben Sie eine Fülle von Gründen, warum der berufliche Wechsel weiter zurückstehen muss. »Man soll wichtige Entscheidungen auch nicht überstürzen«, können Sie sich selbst sagen, obwohl Sie schon seit zehn Jahren darüber nachdenken. »Das muss einfach noch in mir reifen.«

All diese Ermahnungen an sich, es mit der Kritik am aktuellen Job nicht zu übertreiben, dankbar zu sein und überlegt vorzugehen, haben durchaus ihre Berechtigung. Wann aber ist nun der Zeitpunkt gekommen, den Wechsel wirklich anzugehen? Sie können abwarten, bis Sie von anderen dazu gezwungen werden, etwa durch eine interne Umstrukturierung. Aber es gibt bestimmte Zeichen dafür, dass Sie nicht mehr weiter warten, sondern jetzt handeln sollten.

Der Gedanke an einen Wechsel lässt Sie nicht los

Ein Zeichen dafür, dass Sie eine Veränderung angehen sollten, ist, dass Sie der Gedanke daran nicht loslässt: Sie haben die Vor- und Nachteile gegeneinander abgewogen, sich dafür entschieden, erst einmal nichts zu tun – kommen aber immer wieder darauf zurück. »Ich überlege, ob ich mich beruflich verändern sollte«, sagen Sie wiederholt zu anderen, obwohl das doch »erst einmal abgehakt« sein sollte. Aber Sie ringen innerlich weiter mit sich. Möglicherweise ertappen Sie sich dabei, dass Sie sich Ihr neues Leben auch schon etwas konkreter erträumen. Vielleicht verfolgen Sie gespannt Sendungen oder Podcasts über Menschen, die einen bestimmten Berufsweg gewählt, sich selbstständig gemacht haben oder ausgewandert sind und nun im Ausland arbeiten. Oder ein Anliegen, Ehrenamt oder Hobby fesselt Sie so, dass Sie sich am liebsten hauptberuflich damit beschäftigen würden.

Diese Interessen deuten eine Richtung an, in die Sie sich ebenso entwickeln könnten, auch wenn das genaue Ziel und die Umsetzung individuell ausfallen werden. Die grundsätzliche Entscheidung dafür bringt Sie gedanklich endlich einen Schritt weiter. Sie denken dann nicht immer weiter darüber nach, *ob* Sie wechseln sollten; das ist damit geklärt. Damit sind Sie frei, sich damit zu beschäftigen, *wohin* Sie wechseln und *wie* das funktionieren könnte.

Sie halten nur noch mit ständigem Trost durch

Wer beruflich unzufrieden oder gar unglücklich ist, braucht Ablenkung und Trost; Dopamin gegen den täglichen Frust. Sie erkennen es daran, dass Sie viel mehr Zeit als sonst vor dem Fernseher oder im Internet verbringen, dort vor allem emotionale, tröstende oder anderweitig aufwühlende Beiträge ansehen, um »wieder etwas zu spüren«. Auch der ständige Gedanke an Urlaub, Sport, Shopping oder Ausgehen haben häufig diese entlastende Funktion. Mancher sabotiert sich auf diese Weise jahrelang – fast, um sich selbst bestätigen zu können, dass er leider »gerade jetzt« nicht wechseln könne.

Grundsätzlich ist gegen diese schönen, bereichernden Aktivitäten nichts zu sagen. Sie sollten Sie nur nicht davon abhalten, ein bestehendes berufliches Problem grundsätzlich zu lösen. Denn oft wird Selbstsabotage daraus. Ein typischer Kreislauf: Sie sind beruflich unglücklich, trösten sich mit teuren Reisen, die aber so viel kosten, dass Sie sich ständig wieder an Ihren Job ketten, um das nötige Geld zu verdienen, um ihn durchzuhalten. Mit der Entscheidung für einen Wechsel lenken Sie Ihre zeitlichen, geistigen und finanziellen Ressourcen um: weg von der Ablenkung, hin zu einer echten Lösung. Danach geht es meist ganz schnell, Sie sind auch zu früher unmöglichen Schritten bereit. Um an das Beispiel anzuknüpfen: Sie streichen – motiviert von Ihrem Ziel – die teuren Urlaube, gleichen Ihr Konto aus, investieren in eine Weiterbildung und beginnen einen neuen, besseren Job.

Trotz Arbeit kommen Sie finanziell nicht voran

Schon für den Berufseinstieg kann man darüber diskutieren, ob es wirklich sinnvoll ist, länger als einige Wochen als Praktikant kostenlos oder gering bezahlt zu arbeiten, während die Eltern das eigene Leben finanzieren. Doch auch in späteren Karrierephasen kann der Job fast mehr Geld kosten, als er einbringt. Das ist zum Beispiel der Fall, wenn Sie teuer pendeln und eventuell noch eine zusätzliche Unterkunft am Arbeitsort bezahlen müssen. Auch der fehlende Ersatz von berufsbedingten Kosten gehört dazu. Wer regelmäßig auf Kundentermine oder Veranstaltungen muss, benötigt dafür formelle Garderobe, Fest- und Abendkleidung mit entsprechenden Accessoires. Beteiligt sich Ihr Arbeitgeber nicht an den Kosten, können Sie sie zwar eventuell steuerlich absetzen, zahlen dann aber trotzdem einen Teil selbst. Das gilt ebenso, wenn Sie Arbeitsmittel (z. B. Bürobedarf) mitbringen müssen.

Eine Berufstätigkeit sollte – anders als ein bewusst so gewähltes Ehrenamt – Ihre Gesamtkosten decken und zusätzlich eine gewisse Zukunftsvorsorge ermöglichen. Mit der Entscheidung für einen Wechsel akzeptieren Sie nicht länger den Missstand, dass Sie Ersparnisse aufbrauchen, Schulden machen oder von den Zuwendungen anderer leben, obwohl Sie arbeiten. Danach können Sie sich ganz darauf konzentrieren, eine finanziell ertragreichere Stelle zu finden.

Sie fühlen sich als Mensch mit Ihren Ansichten abgelehnt

Anfänglich schwerer zu fassen sind fundamentale Wertekonflikte. Oberflächlich nehmen Sie regelmäßige Missverständnisse und Streitigkeiten wahr, sei es bei Strategiediskussionen, Budgetverhandlungen, Projekten oder Besprechungen.

Immer wieder müssen Sie sich dabei erklären, rechtfertigen oder sogar entschuldigen. Schließlich entsteht bei Ihnen der Eindruck, dass Sie wohl grundsätzlich etwas anderes als Ihre Vorgesetzten oder Kollegen wollen. Wenn Kompromisse möglich sind, dann nur zum Preis der Selbstverleugnung.

Ständig haben Sie hier das Gefühl, Ihre Meinung verbergen und sich verstellen zu müssen, um nicht als Daueropposition dazustehen. Ihre Vorschläge werden mit der Begründung abgelehnt, dass sie »nicht zu uns passen«, »in die falsche Richtung gehen«. Sie fühlen sich häufig falsch verstanden, Klarstellungen und Aussprachen helfen aber nie dauerhaft. Einen Selbsttest dazu finden Sie in meinem Ratgeber *Ich will doch nur meinen Job machen*[34]. Die ständige fachliche und persönliche Ablehnung untergräbt Ihr Selbstbewusstsein. Bald sind Sie so verunsichert, dass Ihre Leistung tatsächlich leidet, was weitere Angriffspunkte schafft. Ein, zwei Jahre können Sie trotzdem in einem Umfeld arbeiten, das Ihnen kulturell nicht entspricht, Sie werden aber nie so erfolgreich sein, wie Sie es anderswo sein könnten. Mit einem Wechsel befreien Sie sich von dieser Bürde und finden zu sich selbst zurück.

Ihre körperliche, geistige oder seelische Gesundheit leidet

Der enorme Anstieg von Krankmeldungen wegen psychischer Probleme legt nahe, dass sich viele Berufstätige auf diese Weise Konflikten am Arbeitsplatz entziehen. Aufschlussreich dazu ist eine Studie der Schweizer Versicherung SWICA, die ergab: 85 Prozent aller Krankschreibungen wegen psychischer Probleme sind aus medizinischer Sicht leichte Fälle und

---

[34] Albert, Attila: *Ich will doch nur meinen Job machen: Warum man am Arbeitsplatz nicht immer gleich die Welt retten und mit allen befreundet sein muss.* Redline Verlag, München, 2022

betreffen nur die Arbeit mit keiner Beeinträchtigung anderer Lebensbereiche. 57 Prozent sind direkt »Konflikten, Kränkungen oder Frustrationen« am aktuellen Arbeitsplatz zuzurechnen. Auffällig in dieser Auswertung auch: Je körperlich leichter die Arbeit, desto länger die Krankschreibungen. Am kürzesten waren sie im Baugewerbe mit 171 Tagen und in der Logistik mit 191 Tagen, am längsten in der öffentlichen Verwaltung (267 Tage), bei Banken und Versicherungen (262 Tage) und im Erziehungswesen (255 Tage).[35]

So verständlich dieser Weg der Realitätsflucht ist, löst er nicht das zugrunde liegende Problem. Stattdessen verursacht er unnötige Therapiekosten, die die Versicherten über ihre Beiträge doch selbst bezahlen. Viel Zeit geht verloren, in der sich die Situation mit dem Arbeitgeber weiter verschlechtert, während man längst woanders besser aufgehoben sein könnte. Wenn Ihre körperliche, geistige oder seelische Gesundheit wegen Ihrer Arbeit leidet (z. B. durch Überlastung, Schichtdienste, viele Dienstreisen, Pendeln), ist das kurzfristig meist zu verkraften. Aber Sie sollten sich bald für einen Wechsel entscheiden, um wieder gesund zu werden bzw. zu bleiben. Abseits des medizinisch Relevanten bedeutet das auch einfach, neben der Arbeit die Zeit und Kraft für ausreichend Schlaf, Sport und Erholung zu haben.

Sie vertun Ihre Lebenszeit und wertvolle Zukunftschancen

Jeder Tag hat nur eine begrenzte Zahl an Stunden, und jedes Leben nur eine begrenzte Zahl an aktiven Jahren. Auch wenn man im beruflichen Alltag nicht ständig daran denkt,

---

[35] Tages-Anzeiger: *Arbeitsunfähig, weil gekränkt*, 27. April 2024, https://www.tagesanzeiger.ch/psychische-erkrankungen-psychisch-bedingte-krankschreibungen-nehmen-zu-615512707994

sollte man sich gelegentlich daran erinnern. Möglicherweise haben Sie den Eindruck, Sie könnten mit Ihrer Arbeits- und Lebenszeit etwas Sinnvolleres anfangen als bisher: Woanders an einem Projekt oder mit einem Team arbeiten, das besser zu Ihnen passt, Ihre eigene Firma aufbauen, eine Ausbildung nachholen, mehr Zeit mit der Familie verbringen.

Gewisse Abstriche muss man immer machen, aber unter den verschiedenen möglichen Lebensentwürfen sollten Sie langfristig denjenigen anstreben, der Ihnen persönlich am meisten entspricht. Haben Sie das Gefühl, Sie verschwenden durch die acht (oder zwölf) Stunden an Ihrem aktuellen Arbeitsplatz Ihre Zeit und Zukunft, sollten Sie sich verändern.

Mit dem Entschluss zu einem Wechsel zeigen Sie sich und den anderen, dass Sie Ihre gewonnenen Einsichten und veränderten Prioritäten ernst nehmen. Selbst wenn nicht alles so funktioniert, wie Sie es sich vorgestellt haben, oder Ihr Ziel sich als Irrtum herausstellt, können Sie ohne Reue zurückblicken. Sie haben es zumindest probiert. Das sind wertvolle Erfahrungen, die den Charakter und weiteren Weg prägen.

Bestimmte Ausdrücke verraten, dass Sie handeln sollten

Dass Sie eine überfällige Entscheidung immer wieder verschieben, erkennen Sie an emotionalen, aber folgenlosen Äußerungen wie: »Jetzt habe ich aber wirklich genug«, »Das mache ich nicht mehr lange mit«, »Langsam reicht es mir«. Ebenso verräterisch ist es, wenn Sie immer wieder sagen, dass es beruflich »im Moment« schwierig wäre, wenn es in Wahrheit vielleicht bereits mehrere Jahre sind. Versuchen Sie, diese Redewendungen zu vermeiden und stattdessen praktisch zu handeln, um Ihre Arbeitssituation zu verbessern.

Wie lange bleiben, damit der Lebenslauf noch gut aussieht?

Eine häufige Überlegung dazu, wann der richtige Zeitpunkt für einen Wechsel wäre, ist vor allem taktisch: »Was werden andere Arbeitgeber denken, wenn sie in meinem Lebenslauf sehen, dass ich gewechselt habe?« Das sollte man bedenken, aber nicht überbewerten. Die Anforderungen der Unternehmen sind widersprüchlich und von kurzfristigen, wechselnden eigenen Interessen getrieben: Einerseits soll man bei Bedarf schnell wechseln (»flexibel sein«), andererseits möglichst lange bleiben (»Loyalität zeigen«). Es gibt keine festen Regeln und es ist auch nicht empfehlenswert, seine Lebensplanung nach der Personalabteilung auszurichten, die immer wieder neue Vorlieben hat und sich wenig für einzelne Mitarbeiter interessieren kann. Die Frage sollte individuell beantwortet werden, um Ihre persönliche Situation und Ihre Ziele zu berücksichtigen, aber es gibt hilfreiche Erfahrungswerte.

So stellen manche Berufstätige schon **nach wenigen Monaten** bei einem Arbeitgeber fest, dass es für sie nicht passt: Die Aufgaben sind anders als versprochen, man hat ihnen wichtige Informationen vorenthalten (z. B. chaotische Organisation, hohe Fluktuation), die Unternehmenskultur entspricht ihnen nicht. Eine Kündigung schon innerhalb der Probezeit ist hier eine Option. Sie gilt schließlich für beide Seiten, auch der Arbeitgeber muss sich bewähren. Solch eine kurze berufliche Station lässt sich problemlos im Lebenslauf verschweigen, sollte aber die Ausnahme bleiben. Wechselt jemand ständig wieder nach kurzer Zeit den Arbeitgeber, spricht sich das auf Dauer schon in der Branche herum.

Ein Wechsel **nach ein bis zwei Jahren** gilt als akzeptabel oder sogar als gutes Zeichen, wenn er mit einer hierarchischen Verbesserung verbunden ist. Beispiel: vom Team- zum Abteilungsleiter. Zwar war die Zeit im vorherigen Job auch nur kurz, aber anscheinend hat sich der Mitarbeiter bewährt und wurde intern befördert bzw. extern angeworben. Auch hier gilt allerdings, dass derartig kurzfristige Wechsel die Ausnahme bleiben sollten, maximal zwei bis drei hintereinander. Ansonsten entsteht der Eindruck, Sie würden für Ihren eigenen Vorteil ständig weiterziehen, wären also nicht besonders loyal, oder waren Ihren Aufgaben auf Dauer nicht gewachsen.

Drei bis fünf Jahre in derselben Position werden vielfach als ideale Dauer gesehen: Man lernt neue Fähigkeiten, die der Job erfordert, wird mit den Folgen seiner Entscheidungen konfrontiert und muss diese bewältigen. Auf eine mehr oder weniger steile Lernkurve folgt eine Plateauphase, in der Zeit und Kraft für die Details der Aufgabe bleiben: Man kann sich selbst verbessern, z. B. auch eine Weiterbildung besuchen oder in einem anderen Team hospitieren, weil nicht mehr alle Aufmerksamkeit für die tägliche Arbeit benötigt wird.

Eine längere Verweildauer in einer Position, **fünf bis zehn Jahre**, erweckt oft den Eindruck der Stagnation: Sie haben, so scheint es anderen, den Ehrgeiz verloren und sich mit dem Erreichten arrangiert. Häufig lässt sich solch eine lange Zeit im Lebenslauf in Phasen gliedern, die trotzdem eine gewisse Entwicklung belegen. Beispiel: Sie hatten zwar immer dieselbe Aufgabe, waren aber für unterschiedliche Kundensegmente oder Regionen zuständig, haben also doch Neues gelernt und praktiziert. Mit jedem Jahr verfestigt sich aber der Eindruck, dass Sie mit Ihren beruflichen Ambitionen abgeschlossen haben und Ihnen das Privatleben nun wichtiger ist.

Eine sehr lange Betriebszugehörigkeit, **zehn oder mehr Jahre**, kann selbst bei internen Bewerbungen zum Problem werden. Man traut Ihnen nicht mehr viel Entwicklung zu, stattdessen sollen jüngere Kollegen mit Potenzial gefördert werden. Auch vertragliche Schwierigkeiten sind nicht selten: Hat das Unternehmen während Ihrer Tätigkeit viele Abteilungen in Tochtergesellschaften ohne Tarifbindung überführt, verdienen Sie dafür nun eventuell zu viel. Sie werden abgelehnt, selbst wenn Sie finanzielle Einbußen akzeptieren würden: Der Arbeitgeber würde vermuten, dadurch wäre schon der Start verdorben – weil Sie nach seiner Annahme dieses Zugeständnis wahrscheinlich später bereuen und bald versuchen würden, es wieder rückgängig zu machen.

Für Berufstätige, die bereits sehr lange beim selben Arbeitgeber sind, ist diese Situation besonders ärgerlich und empörend. Ausgerechnet das Unternehmen, das sie fachlich und persönlich genau kennen sollte und weiß, dass sie mit den internen Abläufen und Personen vertraut sind, zudem bewiesenermaßen loyal – ausgerechnet dieses Unternehmen zieht ihnen Berufseinsteiger oder Externe vor. Auch das hat allerdings oft taktische Gründe: Um langjährige, treue Mitarbeiter muss sich ein Arbeitgeber aus seiner Sicht nicht mehr groß bemühen. Jüngere oder externe Kandidaten brauchen dagegen eine Perspektive, beispielsweise eine Aufstiegschance, damit sie bleiben bzw. kommen. Zudem besteht bei ihnen noch die Hoffnung, dass sie sich als besondere Talente herausstellen. Bei einem Mitarbeiter, den man schon seit Jahrzehnten kennt, weiß man, was man hat – im Guten wie im Schlechten. Zwar gibt es auch hier *Spätstarter*, denen bisher nur die richtige Chance gefehlt hat. Aber das ist der Erfahrung nach nicht sehr wahrscheinlich, denn sonst hätten sie in all der Zeit zuvor bereits etwas gewagt und sich damit bewiesen.

Feste Entscheidungspunkte suchen

Schon aus praktischen Gründen ist es sinnvoll, einen geplanten Wechsel mit absehbaren Veränderungen in Ihrem Leben zu verbinden. Beispiel: Für den nächsten Karriereschritt müssten Sie in eine andere Stadt ziehen, und Sie kombinieren das mit dem nächsten fälligen Schulwechsel der Kinder, damit diese das nur einmal mitmachen müssen. Auch am Arbeitsplatz lohnt es sich meistens, vor der finalen Entscheidung noch bestimmte Ereignisse abzuwarten: das kommende Entwicklungsgespräch mit dem Chef, den Abschluss einer Weiterbildung, das Ergebnis einer geplanten Umstrukturierung. Wichtig ist nur, dass diese Entscheidungspunkte von Ihnen bestimmbar oder zeitnah sind. Vermeiden Sie dagegen Zeithorizonte, die von Ihnen nicht beeinflussbar sind oder noch in weiter Zukunft liegen, zum Beispiel: »Wenn die Kinder fertig studiert haben und das Haus abgezahlt ist«, »Wenn meine Eltern einmal nicht mehr sind«. Dann gibt es für Sie eventuell keine großen Chancen mehr.

Eigene Wünsche wiederentdecken

Hat man sich jahrelang vor allem nach anderen gerichtet, muss man seine eigenen Wünsche manchmal erst wiederentdecken. Der Chef wollte immer die besten Ergebnisse, der Partner die größte Sicherheit, die Kinder viel Geld und ihre Ruhe – was will man selbst? Doch das eigene Tech-Start-up aufsetzen, als Berater anderen Gutes tun, als Winzer nach Italien gehen? »Auch mal Sekt statt immer Milch, mal wie Reiche sich benehmen, in der Spielbank Geld ausgeben«, wie es in der Serie *Herr Rossi sucht das Glück* hieß? »Was noch, was noch, was noch?« Die nächste Stelle soll ja eine echte Verbesserung sein, sonst lohnen sich Aufwand und Risiko nicht.

Ein ungünstiges, aber leider gar nicht so seltenes Ergebnis einer unüberlegten Veränderung ist, dass sie sich in faktisch dieselbe Stelle wie bisher wiederfinden, nur bei einem anderen Unternehmen. Bald haben Sie dieselben Beschwerden und Konflikte wie zuvor. Die Ursache dafür ist, dass Arbeitgeber bevorzugt Bewerber auswählen, die aus ihrer Sicht risikolos sind. Damit wird man Ihnen immer vor allem Stellen anbieten, die so ähnlich wie Ihre derzeitige sind, nur minimal verbessert. Das ist kein Problem, wenn das sowieso Ihr Wunsch ist, Sie z. B. nur den Arbeitsort wechseln, etwas mehr verdienen oder eine Ebene aufrücken wollen. Stellen Sie sich dagegen eine weitergehende Veränderung vor, müssen Sie gegen diese Tendenz arbeiten. Wie Sie gezielt danach suchen, nämlich Ihrem inzwischen wichtigsten Job-Motivator entsprechend, erfahren Sie im folgenden Kapitel.

Motivatoren-Tipp: Schon einmal die eigene Kündigung vorschreiben

Sind Sie seit vielen Jahren beim selben Arbeitgeber, ist der Gedanke daran, den Vertrag zu kündigen, oft furchterregend: »Was kann da nicht alles schiefgehen, vielleicht finde ich nie wieder so eine Stelle?« Um sich daran zu gewöhnen und sich mit bisherigen Ängsten und neuen Hoffnungen auseinanderzusetzen, ist es hilfreich, die eigene Kündigung schon einmal vorzuschreiben. Dafür braucht es nur wenige Zeilen: die Erklärung, dass Sie fristgemäß zu jenem Termin kündigen, Datum und Unterschrift. Ihre Kündigungsfrist finden Sie im Arbeitsvertrag, eine Begründung ist unnötig und unüblich. Das Dokument können Sie danach ablegen und später immer wieder überarbeiten. Wenn Sie es dann wirklich brauchen, müssen Sie nur noch die Daten anpassen, ansonsten ist alles bereit.

GEZIELTERE STELLENSUCHE NACH IHREM MOTIVATOR

Wer sich mehr Zeit für Privates wünscht, darf nicht gleich den nächsten Stressjob annehmen. Wer Karriere machen will, muss manchmal finanziell warten können. Wie Sie Hinweise in Stellenanzeigen richtig deuten.

Man kann den Arbeitgebern wirklich nicht vorwerfen, dass sie nicht lernfähig wären. Wer heute Karriere-Websites und Stellenanzeigen durchsieht, findet meist sehr intelligent erarbeitete, sauber gegliederte und ansprechend präsentierte Gründe dafür, für dieses oder jenes Unternehmen zu arbeiten. Die Investitionen in *Employer Branding* haben sich gelohnt. Selbst die Einkommensspanne für eine Position wird zunehmend angegeben, anstatt die Bewerber weiterhin mit der Frage nach »ihren Gehaltsvorstellungen« zu quälen. Denn mancher müsste ja antworten: »Viel mehr, als ich mich selbst zu verlangen traue! Aber das ist immer noch weniger, als ich mir eigentlich wünschen und verdienen würde.«

Das heißt allerdings nicht, dass damit nun alles klar und einfach wäre. Wie Sie aus eigener Erfahrung wissen und wir gemeinsam im Detail durchgegangen sind, hat jeder seine eigenen Prioritäten und Ziele. So müssen Sie Stellenanzeigen lesen können wie einst der Pferdeflüsterer, der versteckte Traumata mit einem Blick erkannte: Verbirgt sich hinter den »anspruchsvollen Aufgaben in einem ambitionierten Team«

nicht der nächste Stressjob, obwohl Sie doch endlich mehr Zeit für die Familie und Ihre Hobbys wollten? Bedeutet »spannende Karriereoptionen«, dass es sie zwar theoretisch gibt, aber wahrscheinlich nicht für jeden, der sich dafür interessiert? Heißt »leistungsorientierte Bezahlung«, dass sie sich an Höchstleistungen als Standard orientiert, also eigentlich fast unerreichbar ist? Die Wahrheit steht schon meistens in der Ausschreibung, nur manchmal geschickt zwischen den Zeilen verborgen, um niemanden scheu zu machen.

In diesem Kapitel finden Sie für alle acht Job-Motivatoren typische Hinweise darauf, ob die ausgeschriebene Position zu Ihren Prioritäten passen würde, was Sie dafür hinnehmen könnten und worauf Sie sich nicht einlassen sollten. Klartext statt Recruiting-Poesie. Das hilft Ihnen, besser die Stellen zu identifizieren, die Sie beruflich und persönlich weiterbringen würden, und sich nicht gleich auf das nächste tote Pferd zu setzen, obwohl Sie gerade von einem absteigen wollen.

Schämen Sie sich nicht für Ihre Prioritäten

Häufig erscheinen Berufstätigen bestimmte Job-Motivatoren (z. B. Team, Lebenssinn) moralisch höherstehend und damit besser vertretbar als andere (z. B. Geld, Karriere). Das hat eher mit gesellschaftlichen und persönlichen Wertvorstellungen zu tun, als dass sich das logisch begründen ließe. Wollen Sie glücklich werden, stehen Sie für Ihre Prioritäten ein. Nur so finden Sie den Arbeitgeber, die Chefs und Kollegen, die Ihre Werte teilen. Wäre Ihnen z. B. ein Firmenwagen lieber als ein Jahresabo für die Bahn, ist das völlig akzeptabel. Schämen Sie sich nicht für das, was Ihnen persönlich wichtig ist.

Job-Motivator Geld: Überdurchschnittliche Vergütung

Ist Ihnen das Einkommen wichtig, sollte das nicht verschämt und ganz zuletzt durch Sie thematisiert werden, sondern schon ein prominentes, selbstbewusstes Argument des Arbeitgebers sein. In der Stellenanzeige steht mindestens ein Versprechen wie: »attraktives Vergütungspaket« oder »wettbewerbsfähiges Gehalt«. Besser ist eine konkrete Beschreibung: »Neben einem überdurchschnittlich hohen Grundgehalt kannst du durch vertriebliche Erfolge deine Provision in die Höhe schrauben« (gesehen bei Stepstone) oder »Sehr gute Grundvergütung plus Bonuszahlung, Teilnahme am Aktienprogramm, Elternzuschuss per Einmalzahlung, Sonderboni für besondere Leistungen, attraktive betriebliche Altersvorsorge« (gesehen bei BP Deutschland). Auch im Bewerbungsgespräch sprechen Arbeitgeber, die sich bei diesem Job-Motivator empfehlen, das Geld-Thema gleich von selbst an: »Wir wollen Ihnen ein Angebot machen, das sich für Sie lohnt.«

Was Sie dafür hinnehmen könnten: Überdurchschnittliche Gehälter werden nicht aus besonderer Menschenliebe bezahlt, sondern weil sie für das Unternehmen notwendig sind, um Mitarbeiter zu gewinnen oder zu halten – und weil es dazu in der Lage ist. Das trifft insbesondere für Branchen zu, die skalierbare Geschäftsmodelle haben und hohe Margen erwirtschaften. Kununu, die Plattform für Arbeitgeberbewertungen, nennt diese Branchen mit den höchsten Gehältern: Banken, Versicherungen, Energie, IT und Maschinenbau.[36] Dafür muss man gelegentlich hinnehmen, dass nicht alle von diesen Branchen begeistert sind und selbst Freunde erklären: »Für die würde ich nie arbeiten!« Bei der Auswahl von

---

[36] Kununu: *Gehälter nach Branche: Welche Branchen zahlen am besten?*, Stand 22. April 2024, https://news.kununu.com/ranking-die-branchen-mit-den-hoechsten-gehaeltern/

Aus- und Weiterbildungen empfehlen sich die entsprechenden Fachrichtungen, etwa Mathematik, Fachrichtungen des Ingenieurwesens, Informatik, insbesondere mit Daten- und KI-Fokus. Hier gelten Marktgesetze: Wer etwas anbietet, das gefragt und knapp ist, kann mehr verlangen als andere.

Worauf Sie sich nicht einlassen sollten: Wenn Ihnen Geld wichtig ist, sollten Sie sich nicht mit Sachleistungen zufriedengeben, wenn man Sie ersatzweise damit locken will. Arbeitgeberzuschüsse für den Nahverkehr oder das Sportstudio, Getränke und Obst sind begrüßenswert, aber schon in Bezug auf ihren Geldwert kein Ersatz. Verdienen Sie gut, können Sie sich das auch selbst leisten. Bei Zuschüssen für die Altersvorsorge und Versicherungen sowie Aktienoptionen hängt es davon ab, ob Sie aktuell Liquidität brauchen (weil Sie z. B. gerade einen Hauskredit abzahlen) und deshalb Geldzahlungen bevorzugen. Ansonsten sind derartige Gehaltsbestandteile gleichwertig, teilweise steuerlich begünstigt. Praktisch kaum einen Unterschied macht es, ob Urlaubs- und Weihnachtsgeld separat oder monatlich über das Jahr ausgezahlt werden; Letzteres kann steuerlich vorteilhafter sein.

Job-Motivator Familie: Praktische Unterstützung

Wenn Ihnen die Vereinbarkeit mit familiären Verpflichtungen und Wünschen wichtig ist, sollte bereits die Stellenanzeige dieses Thema ansprechen. So wissen Sie, dass man gedanklich und auch praktisch darauf vorbereitet ist. Das Minimum sind »flexible Arbeitszeitmodelle« und »Unterstützung bei der Kinderbetreuung«. Manche Unternehmen können deutlich darüber hinausgehen: »Für alle unsere Mitarbeitenden bieten wir flexible Arbeitsmodelle an. Von Teilzeitmodellen, auch in Führungspositionen, bis hin zu

Jobsharing, Sabbaticals, Pflegezeit und vielem mehr«, heißt es beispielsweise bei Siemens. »Wir bieten an vielen Standorten in Deutschland für dich ein breites Angebot an Kinderbetreuungsplätzen für Kinder im Alter von sechs Monaten bis zum Ende der vierten Klasse an.« Andere haben die Betreuung sogar im Unternehmensgebäude, etwa »zwei moderne Kindergärten im Haus« (z. B. beim Medienhaus Axel Springer).

Was Sie dafür hinnehmen könnten: Ein umfangreiches Angebot für Eltern ist fast nur großen Unternehmen möglich, und vielfach auch nur an deren Hauptsitz. Wenn das für Sie entscheidend ist, schränkt das Ihre Auswahl an Arbeitgebern deutlich ein. Ein Kompromiss ist die Unterstützung bei der Suche nach entsprechenden Angeboten. So bietet Bosch einen Vermittlungsservice für die Kinderbetreuung, Pflegedienstleistungen und haushaltsnahe Dienstleistungen. Damit ist ausdrücklich noch kein Zuschuss oder eine Übernahme der Kosten versprochen, aber das kann anschließend diskutiert werden, etwa als Teil Ihrer Vergütung. Werden Ihnen »vielfältige, flexible Arbeitszeitmodelle« zugesagt, müssen Sie im Gegenzug bereit sein, ebenso nach Bedarf des Unternehmens flexibel zu arbeiten, also zum Beispiel dringende Aufgaben notfalls abends oder am Wochenende erledigen.

Worauf Sie sich nicht einlassen sollten: Gerade in familiären Angelegenheiten zählt Zuverlässigkeit. Auf vage Versprechen (»Fangen Sie erst mal an, dann sehen wir weiter ...«) sollten Sie hier nicht eingehen, weil auch Dritte betroffen sind. Klären Sie vorab genau, ob die Angebote, die Ihnen wichtig sind, für Ihre Stelle und an dem Standort, an dem Sie arbeiten würden, überhaupt verfügbar sind. Ihnen nützt der schönste Betriebskindergarten nichts, wenn dort erst in drei Jahren wieder ein Platz frei wird. Ein flexibles Arbeitszeitmodell, das aber für den Verkauf oder Außendienst nicht gilt, kann bedeuten, dass Sie den Bereich oder sogar den Arbeitgeber wechseln müssten. Insbesondere Remote Work wird zwar teilweise ausdrücklich in den Stellenanzeigen versprochen. Im Gespräch stellt sich anschließend oft heraus, dass sie nur tageweise erlaubt oder gar nicht gewünscht ist. Das kann zwar das frühe Ende einer vielversprechenden Bewerbungsverfahrens bedeuten. Aber dann haben Sie diesen Aspekt wenigstens früh geklärt und verlieren nicht noch mehr Zeit mit einer Option, die für Sie praktisch nicht in Frage kommt.

Job-Motivator Team: Gemeinsam arbeiten und feiern

In diesem Bereich versprechen heute praktisch alle größeren Unternehmen das Gleiche. Beispielhaft der Chemie- und Pharmakonzern Bayer: »Diversität feiern wir in einer inklusiven Arbeitsumgebung, in der Sie willkommen geheißen, unterstützt und ermutigt werden, Ihre ganze Persönlichkeit einzubringen.« Inwieweit das wirklich zutrifft, hängt vom jeweiligen Unternehmen ab. Achten Sie besser auf konkrete Zusagen, etwa zur Teamorganisation. Die Allianz verzichtet auf eine feste Anwesenheitsquote: »Die Basis für unseren neuen Rahmen bilden vier kollektive Präsenztage des jeweiligen Teams pro Monat. Weitere Präsenzanlässe werden gemeinsam im Team definiert (…).« Gelegentlich wird auch das Feiern im Team schon vorab konkret. Bei der Digitalisierungsberatung Xebia: »Wir lassen es uns nicht entgehen, Events wie Skitage, B2Run, spontane After-Work-Aperos, Weihnachts- und Sommerfeste gemeinsam zu feiern.«

Was Sie dafür hinnehmen könnten: Ein starker Gemeinschaftsgeist geht immer zulasten der Individualität, auch wenn Arbeitgeber derzeit meist beides gleichzeitig versprechen. Sind Sie eigentlich ein Einzelgänger, können Sie sich trotzdem für einen Arbeitgeber mit einer starken Teamkultur entscheiden, solange nur wenige außerberufliche Events verpflichtend sind. Oft geht es allerdings selbst bei derartigen Gelegenheiten im Gespräch vor allem um betriebliche Themen. Andere sind direkt darauf ausgerichtet. So treffen sich jeweils zwei Mitarbeiter von Xebia alle zwei Wochen, um voneinander zu lernen: »Du kannst Fachleute aus verschiedenen Bereichen treffen, Wissen teilen und gemeinsam Innovationen gestalten«, wird das von diesem Unternehmen beschrieben. Lernpatenschaften, Mentoring-Programme u. ä. haben zwar eine soziale Komponente, dienen aber vor allem der fachlichen und persönlichen Weiterentwicklung.

Worauf Sie sich nicht einlassen sollten: Einige Arbeitgeber haben für ihre Mitarbeiter sehr weitgehende weltanschauliche bzw. politische Verpflichtungen erstellt, obwohl sie dem selbst erklärten Pluralismus (»Vielfalt leben«) widersprechen. Entscheiden Sie sich nicht für ein Unternehmen, dessen Ansichten Sie nicht teilen oder sogar ablehnen. Es kann sein, dass sich alles als reiner Opportunismus für die PR herausstellt, möglicherweise finden Sie sich aber in anstrengenden Wertekonflikten wieder. Prüfen sollten Sie im Einzelfall Rabatte für Mitarbeiter als Grund, einzusteigen, etwa »Sonderkonditionen bei Kauf und Leasing« (Volkswagen) oder »in den Bereichen Festnetz, Internet, Mobilfunk, TV und Smarthome« (Telekom). Überlegen Sie vorab, wie oft Sie derartige Angebote wirklich nutzen würden – und ob das auch Ihr Wunschanbieter wäre, wenn Sie nicht bei ihm arbeiten würden.

Job-Motivator Karriere: Vorgeplante Aufstiegswege

Konkret werden Karrieremöglichkeiten vor allem in Ausschreibungen angesprochen, die sich an Studenten oder

Berufseinsteiger (z. B. Trainees) richten. Ansonsten ist meist nur allgemein von »Aufstiegs- und Karrieremöglichkeiten« die Rede. Das ist nur logisch: Die Unternehmen möchten die konkreten Stellen besetzen, nicht direkt intern weiterbefördern. Es gibt allerdings auch Arbeitgeber, die Karrierewege schon vorplanen. So verspricht die Schnellrestaurantkette McDonald's zukünftigen Schichtführern, das wäre »ein toller Einstieg in deinen ersten Management-Job in einem McDonald's Restaurant, der dir im nächsten Schritt ermöglicht, Leiter einer Filiale zu werden. Und danach vielleicht sogar mehrerer!« Ist Ihnen ein schneller Aufstieg wichtig, profitieren Sie von anspruchsvollen Arbeitgebern mit einer hohen Fluktuation, denn es müssen ja immer auch erst Stellen frei werden, damit jemand aufrücken kann.

Was Sie dafür hinnehmen könnten: Wie in einem früheren Kapitel angesprochen, sind Fach- und Führungspositionen nicht automatisch gut bezahlt. Gerade junge, dynamische Unternehmen (z. B. Start-ups) locken mit eindrucksvoll klingenden Titeln, Verantwortung und interessanten Aufgaben, ohne dass sich das in der Bezahlung widerspiegeln würde. Sie könnten solch eine Stelle trotzdem annehmen, wenn Sie ansonsten keine Führungsposition finden. So lernen Sie zumindest diese Rolle kennen und können sich in der Branche positionieren. Das erleichtert es, später zu einem größeren Arbeitgeber zu wechseln, der angemessen bezahlt, eventuell sogar zu einem früheren zurückkehren, der Ihnen damals nicht die Chance geben wollte. Daneben ist zu bedenken, dass eine Karriere mehr Arbeits- und Zeiteinsatz als reguläre Mitarbeit erfordert. Das geht meist zulasten anderer Job-Motivatoren, etwa von Familie und Gesundheit.

Worauf Sie sich nicht einlassen sollten: Gelegentlich scheint es pragmatisch, »erst einmal« eine hierarchisch zu niedrige Stelle anzunehmen – auf das Versprechen hin, befördert zu werden, wenn man sich »bewährt« habe. Meist wird das mit Sachzwängen begründet, dass es beispielsweise derzeit keine Planstelle oder kein Budget für die eigentlich gewünschte Führungsposition gäbe. Diese Wette kann aufgehen, aber auch so ausgehen, dass der Aufstieg auch später nicht möglich ist. Eventuell sagt man Ihnen, um sich nicht weiter rechtfertigen zu müssen, einfach: »Leider war Ihre Leistung nicht so, wie wir es uns vorgestellt hatten.« Sie sollten sich daher auf solch ein Versprechen nur einlassen, wenn Sie auch mit der verfügbaren Stelle einige Jahre leben können oder bereit sind, erneut den Arbeitgeber zu wechseln, auch wenn das mühsam ist (z. B. erneuter Umzug).

Job-Motivator Weiterentwicklung: Die Qualität zählt

Fast jeder Arbeitgeber verspricht »Fort- und Weiterbildungsmaßnahmen zur persönlichen und fachlichen Entwicklung«. Insbesondere bei mittleren und größeren Unternehmen können Sie sicher sein, dass es die »vielfältigen internen und externen Fortbildungsmöglichkeiten und Coachings« tatsächlich gibt. Besser sind auch hier konkrete Zusagen, vor allem dazu, ob Sie sie auch nutzen könnten. Bei dem IT- und Beratungsunternehmen IBM klingt das beispielsweise so: »Jedes Jahr mindestens 40 Stunden in Fortbildung zu investieren – das ist bei IBM für alle Mitarbeitenden Normalität.« Zwar gibt es oft viele Fortbildungsangebote, allerdings sind die Fachabteilungen wenig begeistert, wenn ihre Mitarbeiter deswegen regelmäßig abwesend sind. Erfragen Sie daher bei Interesse die Details, auch zur Qualität der Angebote. Denn mal sind es nur interne Produktschulungen und Lehrvideos, mal geförderte Kurse bei anerkannten externen Anbietern (z. B. IHK, Uni).

Was Sie dafür hinnehmen könnten: Wenn Sie bereits einen ausreichenden Berufs- oder Studienabschluss haben, sind formale Weiterqualifizierungen für Sie eventuell nicht entscheidend. Dann genügen auch informelle Möglichkeiten der Weiterentwicklung; diese sind für Sie wegen ihrer praktischen Ausrichtung vielleicht sogar reizvoller. Dazu zählen interne Rotationen (zeitweiser Einsatz in einer anderen Abteilung), eventuell sogar im Ausland. Aber auch die Möglichkeit, eigene Projekte anzugehen, als nebenberuflicher Dozent gelegentlich einen Vortrag oder Workshop im Unternehmen abzuhalten oder andere Nebentätigkeiten. Viele Angebote zur Weiterbildung werden vom Arbeitgeber bezahlt, aber Sie sollten auch zu einem eigenen Beitrag bereit sein, zumal Sie die Ausgabe meist steuerlich geltend machen können.

Worauf Sie sich nicht einlassen sollten: Häufig stellen Arbeitnehmer nach einigen Jahren fest, dass sie sich inhaltlich nicht mehr weiterentwickeln können, wollen deswegen aber auch nicht gleich die Stelle wechseln. Eine Nebentätigkeit ist dann eine gute Möglichkeit, Tätigkeiten und Projekte auszuprobieren, die Sie interessieren, aber beim Arbeitgeber nicht umsetzbar sind. Daneben lässt sich damit auch noch etwas dazuverdienen. Nicht einlassen sollten Sie sich darauf, dass Ihr Arbeitgeber diese Eigeninitiative direkt erstickt, indem er Ihnen die Nebentätigkeit ganz verbieten will oder sie so erschwert, dass Sie bald selbst die Lust daran verlieren (wenn z. B. jeder Auftrag erst von der Geschäftsleitung genehmigt werden müsste). Lassen Sie einen Anwalt prüfen, ob eine sehr restriktive Regelung in Ihrem Arbeitsvertrag legal ist, handeln Sie ansonsten eine Änderung in Ihrem Sinne aus.

Job-Motivator Gesundheit: Realistische Erwartungen

Über die heutigen Standards – Betriebsarzt, ergonomische Möbel und Arbeitsmittel, oft auch ein Betriebspsychologe –

hinaus bieten moderne Arbeitgeber auch im Bereich Gesundheit viele Extras. Im besten Fall sind sie schon in der Stellenanzeige benannt: »Fitness- und Gesundheitsstudio, Medical Center mit zahlreichen Angeboten für Ihre Gesundheit« (BASF), »Umfassendes Angebot im Bereich Bewegungsförderung, gesunde Arbeitswelt, Ernährung und psychische Gesundheit (...) Unser Social Counseling Service unterstützt dich vertraulich bei der Bewältigung von arbeitsplatzbezogenen, gesundheitlichen und persönlichen Herausforderungen« (Siemens). Oft können diese Angebote auch anonym genutzt werden, also ohne Rückmeldung ans Unternehmen. Haben Sie wegen einer Erkrankung oder Behinderung bestimmte Bedürfnisse, die darüber hinausgehen, fragen Sie vorab.

Was Sie dafür hinnehmen könnten: Die meisten Angebote dieser Art (z. B. ein Sportstudio oder eine Beratung) würden Sie auch selbst finden und bezahlen können, aber der Arbeitgeber nimmt Ihnen die Organisation ab und spart Ihnen damit Zeit und Geld. Im Gegenzug gilt es als angemessen, dass Sie in diesen Bereichen auch selbst etwas großzügiger sind, beispielsweise nicht ständig auf das höchstmögliche Gehalt drängen und jede Überstunde ersetzt haben wollen. Keine Kompromisse sollten Sie dagegen in Bezug auf Gesundheitsrisiken bei der Arbeit machen, was bei Bürotätigkeiten weniger ein Thema als in der Produktion (z. B. Industrie, Chemie) ist. Nach dem Motto »Wird schon nichts passieren, und für den Notfall haben wir den Betriebsarzt ja direkt im Gebäude«. Auch wenn der Arbeitgeber Sie unterstützt, ist Gesundheitsvorsorge zuerst Ihre Verantwortung.

Worauf Sie sich nicht einlassen sollten: Möglicherweise stellen Sie fest, dass die Arbeit so organisiert ist, dass Sie damit auf Dauer unmöglich gesund bleiben und sich wohlfühlen können. Beispiel: Ständig wechselnde Schichten, die zudem oft erst am Vorabend mitgeteilt werden. Zudem folgt auf eine Spätschicht oft eine Frühschicht, sodass Sie dazwischen nicht ausreichend schlafen können. Solch eine Tätigkeit ist selbst als Übergangslösung heikel, weil Sie sie stark schwächen wird, und sollte daher nur im Notfall angenommen werden. Eventuell lässt sich eine Alternative aushandeln, z. B. zumindest wochenweise feste Schichten. Zum anderen sollten Sie alle Versprechen, die Ihnen wichtig sind, überprüfen, sich z. B. den Fitnessraum ansehen. Er kann ein erstklassiges Mini-Sportstudio sogar mit Kursen sein, aber auch nur ein düsterer Raum mit alten Matten und verrosteten Hanteln.

Job-Motivator Spaß: Eigenen Bedürfnissen folgen können

Was jemandem Spaß und Freude macht, ist ausgesprochen subjektiv. Aber im Kern geht es hier darum, eigenen Bedürfnissen folgen zu können, also eigene Entscheidungsspielräume zu haben. Das kann zum Beispiel bedeuten, dass Sie Arbeitsmittel und -ort auswählen dürfen, bei Bedarf auch Urlaub und Arbeit kombinieren können (»Workation«). Beispiel Axel Springer: »Entdecke gemeinsam mit deinem Team die passende Arbeitsumgebung. Zudem kannst du Laptop, Tablet und Smartphone nach deinen Bedürfnissen wählen. Nutze die Freiheit, dort zu arbeiten, wo du dich gerade am wohlsten fühlst.« Auch der Verzicht auf Kleidungsvorschriften zählt dazu. Zum Beispiel bei der Drogeriemarktkette Rossmann: »Kleiden Sie sich so, wie Sie sich beim Vorstellungsgespräch und im Arbeitsalltag wohlfühlen.« In einigen Unternehmen waren dazu weitere Extras üblich, etwa kostenlose Massage am Schreibtisch, Einkaufsservice, Friseur im Unternehmen. Hier wird allerdings wieder stärker auf die Kosten geachtet.

Was Sie dafür hinnehmen könnten: Trifft ein Arbeitgeber besondere Vorkehrungen, dass die Arbeit auch Spaß macht, liegt es häufig daran, dass sie selbst anstrengend, hektisch oder anderweitig fordernd ist. Das ist in Branchen, in denen unter hohem Zeitdruck, mit Zielkonflikten und viel Publikumskontakt gearbeitet wird, unvermeidbar. Sie könnten das hinnehmen oder sogar reizvoll finden, wenn es – unter Berücksichtigung des Ausgleichs – insgesamt eben doch Spaß macht. Oft sind es Kleinigkeiten, die manches Ärgernis wieder ausgleichen, etwa ein schöner Pausenraum, in dem Sie mit den Kollegen wieder durchatmen, reden und lachen können. Auch die eigene Wahl des dienstlichen Computers, Handys oder Fahrzeugs hilft dabei, gern zur Arbeit zu gehen.

Worauf Sie sich nicht einlassen sollten: Der organisierte Spaß bei der Arbeit sollte nicht darauf angelegt sein, fehlende anderweitige Leistungen des Arbeitgebers auszugleichen, etwa ein zu niedriges Gehalt. Für manche Berufseinsteiger scheint das anfangs ein faires Gegengeschäft, aber wer sich deswegen noch mit Mitte 30 nur ein WG-Zimmer leisten kann, bezahlt dafür einen Preis (z. B. weniger Erholung, schwierigeres Dating). Zum anderen sollte der Spaß bei der Arbeit nicht überfällige eigene Entscheidungen verzögern oder zulasten anderer gehen. Wenn Sie zwar viel lachen, aber vor allem ironisch über Ihre eigene Lage im Unternehmen oder verächtlich über Kollegen oder Kunden, zeigt das eigene Unzufriedenheit und dass Sie den Arbeitgeber wechseln sollten, um wieder echten Spaß zu haben.

Job-Motivator Lebenssinn: Authentisch und persönlich

In diesem Bereich argumentieren viele Arbeitgeber aktuell vor allem weltanschaulich oder gesellschaftspolitisch, weil ihre eigentliche Tätigkeit weiterhin rein kommerziell ist. Einige machen aber auch konkrete Zusagen. Beim Mineralölunternehmen BP Deutschland zum Beispiel so: »BP verdoppelt die von Mitarbeitenden privat getätigten Spenden an gemeinnützige Organisationen und honoriert ehrenamtlichen Zeiteinsatz. Mitarbeitende können ihren persönlichen CO_2-Fußabdruck kompensieren, BP verdoppelt diesen Betrag.« Einige Arbeitgeber können auch ganz auf ihre Kerntätigkeit abstellen. Die Umweltschutz-Organisation Greenpeace wirbt damit um Bewerber: »Die Möglichkeit, direkt zu umweltpolitischen Veränderungen beizutragen«, »Platz für eigene Ideen und die Chance, die Organisation entscheidend voranzubringen«. Der kirchliche Wohlfahrtsverband Diakonie: »Sie unterstützen unsere Klienten in allen Bereichen der Lebensführung, die nicht alleine bewältigt werden können«, »Begleitung und Unterstützung der Kinder«. Hier liegt es an Ihnen auszuwählen, was Sie anspricht.

Was Sie dafür hinnehmen könnten: Tatsächlich sinnstiftende Aufgaben – nicht einfach normale Konzernkarrieren, die sich »weltverbesserisch« geben – sind häufig anstrengend, frustrierend und doch lohnenswert. Es macht häufig keinen Spaß, auf der Straße um Unterschriften oder Spenden für einen guten Zweck zu bitten, Kranken, Alten oder anderen Bedürftigen zu helfen oder Kinder zu betreuen. Aber wer sich dazu berufen fühlt, empfindet es doch als wichtig und befriedigend und hat dadurch eine eigene Art von Freude daran. Wer also eine sinnvolle Tätigkeit sucht, muss mit dem Zwiespalt leben lernen, dass die tatsächliche Arbeit oft viel Menschenliebe und Geduld erfordert. In meinem Ratgeber *9 Wahrheiten, die dich durchs Leben tragen*[37] finden Sie mehr dazu. Ein Ehrenamt in dem Bereich, der Sie interessiert, kann dazu verhelfen, dass Ihre Erwartungen realistisch sind.

Worauf Sie sich nicht einlassen sollten: Wie bereits beim Job-Motivator Teams erwähnt, sollten Sie nicht langfristig für Unternehmen arbeiten, deren Werte Sie ablehnen. Zwar

---

[37] Albert, Attila: *9 Wahrheiten, die dich durchs Leben tragen: Christ werden und bleiben in einer Welt, in der auch alles andere geht.* Bene Verlag, München, 2022

erklären sie aktuell weitgehend dasselbe. Beispielhaft die Deutsche Bank: »Für Vielfalt, Chancengleichheit und Teilhabe (...) Wir wollen immer besser darin werden, diese Werte zu leben, und sehen das als einen positiven Beitrag für unsere Mitarbeitenden und die Gesellschaft sowie zu unserer Nachhaltigkeitsstrategie.« Aber je nach Arbeitgeber kann das nur eine wolkige Absichtserklärung oder ein Programm sein, das jeden Bereich und sogar die Vergütungsmodelle durchdringt. Zum anderen sollten bei einem sinnbetonten Job das Einkommen und die Arbeitsbelastung passen. Unterscheiden Sie hier klar zwischen einem Arbeitsverhältnis und einem Ehrenamt, das Sie auch nebenbei übernehmen können.

Eigene Prioritäten erklären

Wohlmeinende Eltern und Freunde raten einem immer, »einfach zu sich zu stehen«. Das ist natürlich am leichtesten, wenn man von dem anderen nichts will. Falls Sie nicht gerade ein höchst gefragter Spezialist sind, ist das in einem Bewerbungs-, Gehalts- oder Entwicklungsgespräch meistens nicht der Fall: Da will man von seinem Gegenüber, etwa dem Abteilungs- oder Personalleiter, etwas – nämlich den Job. Ähnlich ist es mit dem oft gehörten Rat, beim Vorstellungsgespräch »ganz natürlich« aufzutreten, obwohl man aufgeregt ist und vor Fremden über so Persönliches wie seine finanzielle Erwartungen, Stärken, Schwächen und frühere Jobs reden soll – und zwar so, dass es die Anwesenden überzeugt, einen anzustellen.

Auch das Pokern um das Gehalt ist heikel und immer mit Unsicherheiten verbunden: Nennt man sein wahres aktuelles Gehalt, könnte man mitleidige Blicke oder angehaltenen Atem und fassungslose Nachfragen ernten. Bringt man eine ehrgeizige Summe zur Sprache, die man »sich vorstellt«, werden das einige als Verhandlungsgrundlage verstehen – und andere aufstehen und mit ausgestreckter Hand sagen: »Da sind wir hier wohl raus. Aber wir wünschen Ihnen alles Gute für Ihre weitere Zukunft.« Wieder andere werden so problemlos akzeptieren, dass man selbst zögert: War das viel zu wenig?

Die Frage ist bei allen Verhandlungen: Wie viel kann und soll man dafür nachgeben, sich auf welche Kompromisse einlassen? Mit der Entscheidung für Ihre wichtigsten Job-Motivatoren haben Sie Ihre Prioritäten bereits gewählt. Nun geht es darum, sie – der Situation angemessen – auszudrücken und überzeugend zu erklären. Wie Sie das tun können, ohne sich dabei selbst zu schaden, darum geht es im nächsten Kapitel.

Motivator-Tipp: Zusagen in der Stellenanzeige bestätigen lassen

Stellenanzeigen werden selbst bei großen Unternehmen häufig nicht so sorgfältig und überlegt formuliert, wie man als Außenstehender vermuten würde, sondern manchmal nur vorhandene Textbausteine eilig zusammenkopiert. Erfragen Sie daher die Punkte, die Ihnen wichtig sind, immer noch einmal im Bewerbungsgespräch. Das gilt auch, wenn Sie Widersprüche zwischen allgemeinen Zusagen (z. B. auf der Website unter »Unsere Kultur«) und denen in der Ausschreibung für die konkrete Stelle feststellen. Neben der Vergütung hängen auch Weiterbildungs- und Aufstiegschancen oft sehr von der jeweiligen Berufsgruppe und Hierarchieebene ab. Klären Sie das vorab, dann ersparen Sie sich spätere Enttäuschungen oder können eventuell eine individuelle Regelung für sich aushandeln.

RICHTIG ARGUMENTIEREN IM VORSTELLUNGSGESPRÄCH

Keiner muss sich für seine Job-Motivatoren schämen, sollte sie aber in seiner Bewerbung und im persönlichen Gespräch richtig ausdrücken und erklären können. So sagen Sie, was Sie wollen, ohne sich mit Ihrer Offenheit zu schaden.

Vorstellungsgespräche haben manchmal etwas von verklemmten ersten Dates, bei denen sich beide nicht zu sagen trauen, was sie sich wirklich wünschen. »Ich will heiraten und Kinder«, denkt der eine vielleicht, der auch im richtigen Alter dafür wäre und sich deswegen überhaupt nicht genieren müsste. »Aber wenn ich das jetzt direkt und ganz offen anspreche, läuft der andere doch gleich schreiend davon.« Währenddessen überlegt der andere: »Eine Familie soll es schon sein, und zwar ganz offiziell und möglichst schnell. Aber so altmodisch und unoriginell kann ich doch nicht jetzt schon kommen.« Schließlich erklären beide, dass man »erst mal sehen« müsse, »wie es sich ergibt«, sie seien aber »ganz offen«. Und gehen enttäuscht aus der Verabredung: »Wieder jemand, der nicht weiß, was er will, sich nicht entscheiden kann oder nicht bereit ist. Wieso tue ich mir das eigentlich noch an?«

Bei Bewerbungen wird häufig ebenso aus Angst oder Verlegenheit herumgedruckst oder glatt gelogen. »Wir brauchen jemanden, der einfach den Job erledigt, ohne sich davon eine große Karriere zu erhoffen. Das Gehalt ist in Ordnung,

Überstunden erwarten wir keine, nur sind das eben recht monotone Standardaufgaben«, denkt sich vielleicht der potenzielle zukünftige Chef. Nur hat er bereits in der Stellenanzeige behauptet, dass es sich um eine »spannende Herausforderung in einem dynamischen Team« handele. Die Bewerberin würde ihm eigentlich gern sagen, dass sie aktuell – alleinerziehend mit zwei Kindern – sehr froh wäre, Dienst nach Vorschrift machen zu können. Aber sie erklärt stattdessen: »Mir ist es sehr wichtig, mich meinen Erfahrungen entsprechend einbringen zu können. Ich denke, ich kann dem Team wichtige neue Impulse geben.« Der Chef denkt: »Das wird dann wohl nichts, Impulse kann ich in dem Laden leider nicht mal selbst einbringen.« Und sagt: »Vielen Dank, das klingt toll. Wir melden uns wieder, sobald wir mehr sagen können.«

Ehrlichkeit ist immer ein Risiko, aber das ist kleiner als das, im entscheidenden Moment nicht das Notwendige zu sagen. Beim ersten Kennenlernen, privat oder beruflich, ist das: wer Sie sind und was Sie wirklich wollen. Es kann sein, dass sich damit erhoffte Chancen direkt als Illusion herausstellen, aber das ist immer noch besser, als dies erst nach gemeinsamen Monaten oder Jahren festzustellen. Es kann allerdings auch sein, dass Sie und auch Ihr Gegenüber plötzlich den Blick heben und aufatmen: »Endlich jemand, der so tickt wie ich!«

In Bezug auf die Job-Motivatoren gilt das ebenso: Sie müssen sagen, was Sie wollen, damit ein passender Arbeitgeber weiß, dass es mit Ihnen funktionieren würde. Dass Sie »auf einer Wellenlänge« sind. Natürlich würden Sie Ihre Ziele und Wünsche angemessen formulieren, sich schrittweise öffnen, dabei immer wieder zuhören und beobachten. Aber Sie müssen offen und ehrlich sein, um zu bekommen, was Sie sich wünschen, auch wenn Sie fürchten, sich damit direkt alle Chancen zu verderben oder sich zu blamieren. Nachfolgend finden Sie für alle acht Job-Motivatoren entsprechende Empfehlungen für Ihr Vorstellungsgespräch.

Die einzige Chance, verstanden zu werden
Wer seine Ziele und Wünsche ausspricht, macht sich verletzlich und angreifbar. Aber er gibt seinem Gegenüber damit die Chance, sie zu verstehen und ebenso offen zu sein. Dabei geht es nicht um Maximalforderungen, sondern um erkennbare Prioritäten und um die eigene Bereitschaft, für sie einzustehen. Zeigt sich dabei früh, dass ein potenzieller Arbeitgeber ganz andere Vorstellungen als Sie hat, bewahren Sie sich vor beiderseitiger späterer Enttäuschung und verlorener Lebenszeit – und suchen lieber direkt weiter.

Job-Motivator Geld: Den üblichen Gehaltsrahmen kennen

Für die meisten Stellen haben Arbeitgeber definierte Gehaltskorridore, angelehnt etwa an den Tarifvertrag und die interne Gehaltsstruktur. Die Verhandlungsspielräume sind also begrenzt und es wird erwartet, dass ein Bewerber oder Mitarbeiter das weiß. So kann es darüber keine langen Diskussionen geben. Nur im Einzelfall sind wesentliche Abweichungen nach oben möglich, etwa für eine besonders gefragte Fach- oder Führungskraft. Dafür braucht es häufig die Freigabe durch die Geschäftsleitung oder sogar den Vorstand.

Über den marktüblichen Gehaltsrahmen sollten Sie sich vorab informieren und Argumente für den Fall vorbereiten, dass sich Ihre Vorstellungen am oberen Rand bewegen. Führen Sie dabei nicht »Erfahrung« (lange Berufserfahrung oder Betriebszugehörigkeit) als wichtigsten Punkt an. Leiten Sie stattdessen daraus Vorteile ab, die für das Unternehmen und die Stelle relevant wären. Beispiel: Sie können auch Strategie- und Konzeptarbeiten übernehmen, sind routiniert und zuverlässig auch unter Stress und bringen ein starkes Netzwerk mit. Damit lösen Sie nebenbei das Problem, dass »viel Erfahrung« schnell wie »für uns eigentlich zu alt, wahrscheinlich eingefahren und mit zu hohen Gehaltsforderungen« klingt.

Es fällt Ihnen leichter, einen ambitionierten Betrag zu fordern, wenn Sie auf die Stelle nicht dringend angewiesen sind. Damit treten Sie selbstbewusster auf und verhandeln mutiger, fast spielerisch. Sollten Sie nicht bereits vermögend sein (z. B. durch Ersparnisse oder eine Erbschaft), ist der beste Weg zu dieser innerlich entspannten, wagemutigen Einstellung, sich aus einer bestehenden Anstellung zu bewerben, am besten immer gleich um mehrere Stellen. Dann ist eine Absage, weil Sie sich finanziell nicht einigen können, kein Drama – Sie haben ja schon das nächste Gespräch in Aussicht.

Job-Motivator Familie: Als verlässlicher Profi präsentieren

Grundsätzlich schätzen Vorgesetzte es, wenn ihre Mitarbeiter in geordneten, stabilen Verhältnissen leben. Sie verhalten sich berechenbarer, sind damit für das Unternehmen weniger riskant und leichter zu kontrollieren. Wer verheiratet ist, zudem eventuell Kinder und einen Hauskredit hat, ist weniger geneigt, viele Forderungen zu stellen oder ansonsten zu kündigen. Gleichzeitig sind diese gebundenen Mitarbeiter weniger flexibel, lehnen etwa häufiger Überstunden oder regelmäßige Dienstreisen mit externer Übernachtung ab.

Sie müssen sich nicht dafür rechtfertigen, in einer Beziehung zu sein oder Kinder zu haben und damit nicht ständig für das Unternehmen verfügbar zu sein. Das ist nur normal und wird verstanden. Wenn Ihre Bedürfnisse allerdings darüber hinausgehen (Sie z. B. regelmäßig früher gehen müssen), sollten Sie früh erfragen, ob sich das mit der Stelle vereinbaren ließe. Sprechen Sie das allerdings erst an, nachdem Sie fachlich und persönlich überzeugt haben. Dann wird man eher willens sein, eine individuelle Lösung für Sie zu finden.

Sagen Sie allerdings nur zu, was Sie angesichts Ihrer privaten Verpflichtungen wirklich leisten können. Beispiel: Wenn Sie Teilzeit arbeiten, sollten Sie nicht versprechen, bei Bedarf trotzdem immer erreichbar zu sein und einspringen zu können, wenn das gar nicht geht (weil Sie z. B. im Auto sitzen werden, um zu einem pflegebedürftigen Elternteil zu fahren). Damit vermeiden Sie spätere Enttäuschungen bei Ihrem Arbeitgeber, aber auch den berechtigten Vorwurf, Zusagen gemacht zu haben, die Sie gar nicht halten können.

Job-Motivator Team: Im beruflichen Kontext bleiben

Ein freundschaftlicher Umgang und gemeinsame Aktivitäten nach Feierabend verbinden ein Team und können die Produktivität steigern. Man hilft sich gegenseitig und tauscht Wissen aus, diskutiert betriebliche Herausforderungen und mögliche Lösungen. Wird allerdings in der Arbeitszeit ständig über private Angelegenheiten gesprochen, geklatscht und gelästert oder entstehen unangemessene Beziehungen, schadet das dem Unternehmen. Auch das gegenseitige Decken von Verfehlungen (z. B. Spesenbetrug, Diebstahl) unter befreundeten Kollegen ist ein Risiko, das Chefs fürchten.

Schon in Anschreiben und Lebenslauf sollten Sie daher anmerken, dass Sie ein angenehmer, verträglicher und zuverlässiger Mitarbeiter sind. Benutzen Sie dafür Begriffe, die dem beruflichen Kontext angemessen sind: belastbar, kooperativ, teamorientiert, verbindlich. Dabei sollte immer klar sein, dass dafür die Interessen und Ziele des Arbeitgebers die Leitschnur für Ihre Entscheidungen sind. Im Gespräch können Sie das nach der fachlichen Vorstellung kurz wiederholen, sollten es aber vor allem ausdrücken durch einen freundlichen Ton, aufmerksames Zuhören und ein offenes Lächeln.

Vorteilhaft ist, wenn Sie einige konkrete Beispiele anführen können, wie Sie Teamkollegen in der Vergangenheit unterstützt und damit gefördert haben. Vielleicht haben Sie in früheren Positionen die Praktikanten oder Auszubildenden betreut, neue Mitarbeiter eingewiesen, waren als interner Trainer oder Mentor aktiv? Auch ein Ehrenamt können Sie anführen, wenn es passt. Beispiel: Sie trainieren in Ihrer Freizeit junge Vereinssportler, was belegt, dass Sie eine hohe soziale Kompetenz haben und Führungsverantwortung übernehmen. Ein potentieller neuer Arbeitgeber kann dann leicht davon ableiten, dass Sie das bei ihm wiederholen könnten.

Job-Motivator Karriere: Interesse an aktueller Stelle betonen

Grundsätzlich freuen sich Unternehmen über ambitionierte Mitarbeiter, denn es ist gar nicht mehr selbstverständlich, dass geeignete Teammitglieder mehr Verantwortung übernehmen wollen. Allerdings müssen hauptsächlich die offenen Stellen besetzt und die anfallenden Aufgaben erledigt werden. Die Fach- oder Führungskarriere des Einzelnen ist weder garantiert noch ein vordringliches Anliegen des Arbeitgebers. Mitarbeiter, denen es vor allem um den Aufstieg geht, die ständig mehr fordern und drängen, werden ihm bald lästig.

Sie sollten daher mit der Grundüberzeugung in den Bewerbungsprozess gehen, dass es dabei explizit um die ausgeschriebene Stelle geht. Stellen Sie weitergehende Hoffnungen zurück. Beziehen Sie sich im Gespräch, wenn Sie Ihre

Eignung und Motivation beschreiben, nur auf die konkrete Position. Fragt man Sie nach zukünftigen Plänen (»Wo sehen Sie sich in fünf Jahren?«), bleiben Sie allgemein: »Ich möchte innerhalb des Rahmens dazulernen und mich weiterentwickeln.« So erkennt man Ehrgeiz, versteht ihn aber vor allem fachlich und nicht zuerst auf Titel und Geld bezogen.

Eine Ausnahme liegt vor, wenn Sie sich ausdrücklich für eine höhere Stelle interessieren und nach einer Initiativbewerbung oder Empfehlung trotzdem eingeladen wurden. Dann ist allen Beteiligten klar, dass die niedriger angesiedelte Position, die vielleicht gerade frei ist und besetzt werden kann, nur Ihr Einstieg ist. Aber auch dann sollten Sie nicht andeuten, dass diese eigentlich unter Ihrem persönlichen Niveau ist, sondern Sachfragen besprechen: Wie lange wären Sie an dieser Position, wie und wann könnte es weitergehen?

Job-Motivator Weiterentwicklung: Vorteile für den Arbeitgeber

Bei der Weiterqualifizierung zeigen sich häufig unterschiedliche Interessen innerhalb des Unternehmens. Während es der Personalentwicklung ein Anliegen ist, dass ihre Angebote auch genutzt werden, ist das bei den Fachabteilungen nur begrenzt der Fall: Mitarbeiter, die sich weiterbilden, sind häufiger abwesend und fehlen damit im Team. Zudem sind sie nach Abschluss der Maßnahme höher qualifiziert und erwarten oft anspruchsvollere Aufgaben und eine Beförderung. Ist das nicht möglich, steigt das Risiko, dass sie kündigen.

Insbesondere in jüngeren Jahren dürfen Sie mit Unterstützung rechnen, wenn Sie mitteilen, dass Sie sich im Job weiterqualifizieren wollen. Lassen Sie nur keinen Zweifel daran, dass Sie damit die ausgeschriebene Stelle noch effektiver ausfüllen bzw. im Unternehmen mehr leisten wollen. Damit setzen Sie den Fokus auf die Vorteile für den Arbeitgeber und nehmen ihm die Sorge, dass er Sie nach dem Abschluss direkt verlieren würde. Üblich ist es, die Details (z. B. Zeit- und Kostenaufteilung) direkt per Vertragszusatz festzuschreiben. Das schafft Klarheit und Verbindlichkeit für beide Seiten.

Gelegentlich wird eingeschlossen, bei einer Weiterbildung, an der sich der Arbeitgeber finanziell beteiligt, einen anschließenden Mindestverbleib im Unternehmen zu vereinbaren. Beispiel: Sie verpflichten sich, nach Abschluss fünf Jahre lang nicht selbst zu kündigen. So soll sichergestellt werden, dass die Ausgabe nicht vergeblich war oder einem Wettbewerber zugutekommt. Sollten Sie doch wechseln wollen, hindert Sie das im Normalfall nicht. Sie müssen dann nur meist den Arbeitgeberzuschuss (anteilig) wieder zurückzahlen.

Job-Motivator Gesundheit: Eigene Stärke realistisch einschätzen

Die Integration von Mitarbeitern mit gesundheitlichen Einschränkungen ist für Unternehmen seit Jahrzehnten eine Selbstverständlichkeit, für verschiedene Gruppen auch gesetzlich vorgeschrieben. Die Prozesse existieren, niemand wird deswegen überrascht reagieren. Anders sieht es bei älteren Mitarbeitern aus. Während die gesetzliche Lebensarbeitszeit steigt, wollen die Unternehmen ihre Belegschaften aus verschiedenen Gründen (u.a. Lohnkosten, Nachwuchssicherung) verjüngen. Wer über 50 ist, wird eher nicht gewollt.

Wenn absehbar ist, dass eine gesundheitliche Beeinträchtigung Sie wesentlich dabei behindern wird, Ihren Arbeitsvertrag zu erfüllen, müssen Sie den Arbeitgeber informieren. Ansonsten ist es eine strategische Entscheidung. Manche Arbeitgeber signalisieren sogar bessere Chancen (»bei gleicher Eignung bevorzugt«) und wollen nur eventuell notwendige

Hilfen absprechen. Bei anderen empfiehlt es sich, das Thema erst später und mit so viel Abstand anzusprechen, dass Ihnen keine bewusste Täuschung vorgeworfen werden kann.

Auch hier ist es ratsam, die eigene Leistungsfähigkeit realistisch abzuschätzen und bei Bedarf eine tiefer angesiedelte Position mit geringerer Belastung zu suchen. Der bewusste Schritt zurück sorgt im Bewerbungsgespräch allerdings noch immer für Verwunderung und Zweifel, ob Sie der Aufgabe generell gewachsen wären. Häufig ist daher eine unverfängliche Begründung erfolgversprechender. Beispiel: Sie wollen sich »wieder verstärkt operativen Aufgaben widmen« oder »jetzt der jüngeren Generation den Vortritt lassen«.

Job-Motivator Spaß: Auf die Arbeit und Ergebnisse beziehen

Die hohen Krankenstände und Beschwerden wegen psychischer Probleme haben inzwischen viele Unternehmen dazu bewogen, die emotionalen Bedürfnisse ihrer Mitarbeiter stärker zu berücksichtigen. Dafür wurden entsprechende Angebote eingeführt (z. B. Teamevents, Sport- und Entspannungskurse, Coaching, Sabbaticals). Allerdings schwingt immer die Erwartung mit, dass sie die Produktivität steigern. Gleichzeitig sind die moralischen Grenzen enger geworden: Vieles, was vor 20 Jahren in Teams normal war, geht heute nicht mehr.

Werden Sie nach Ihrem Arbeitsstil und Auftreten im Team gefragt, eventuell auch nach Ihren Wünschen an die Zusammenarbeit, bleiben Sie strikt professionell: »Ich habe gern Spaß bei der Arbeit«, dürfen Sie sagen, sollten das aber präzisieren: »gemeinsam Herausforderungen angehen, mit den Kollegen etwas erreichen.« Auch »Freude« muss diese Konnotation haben, sich also auf die Arbeit und ihre Ergebnisse beziehen. Beispiel: »Es ist für mich immer eine Freude, wenn wir einen neuen Kunden gewinnen und das zusammen feiern können.« Das mag anfangs ein wenig glatt und bieder klingen, addressiert aber die Bedenken, die Arbeitgeber häufig haben. Dass es im Alltag später etwas lockerer zugehen wird, ist allen klar.

Beschreiben Sie im Vorstellungs- oder Entwicklungsgespräch vor allem, wie Sie zu einem guten Betriebsklima beitragen, nicht nur, was Sie sich wünschen und erwarten. Möglicherweise haben Sie in früheren Positionen bereits Veranstaltungen für das Team organisiert – idealerweise welche, in denen nicht vor allem Alkohol im Mittelpunkt stand, um sich keinem falschen Verdacht auszusetzen. Besser: eine gemeinsame Wanderung oder Grillen an einem Samstag, ein Charity-Event, Sport oder Sprachenlernen in der Mittagspause. Das zeigt, dass Sie gesellig, aber auch vernünftig sind.

Job-Motivator Lebenssinn: Persönlichen Bezug erklären

Für den übergeordneten Unternehmenszweck hat sich eine sinnstiftende Mission fast überall etabliert, wenn es inzwischen auch wieder eine leichte Gegenbewegung zurück zu handfesteren Zielen gibt. Grundsätzlich schätzen es Arbeitgeber, wenn Mitarbeiter ihre Überzeugungen teilen – in der Annahme, dass kulturelle Passgenauigkeit zu mehr Effizienz und weniger Zielkonflikten führt. Das setzt allerdings voraus, dass die erklärten Ziele und Werte beiderseits ernst gemeint sind, glaubhaft und durchgängig praktiziert werden.

Reißen Sie Ihre Motive und Überzeugungen im Anschreiben an und begründen Sie sie im Gespräch mit Ihrer biografischen Entwicklung oder einem persönlichen Erlebnis: Was hat Sie umdenken lassen, wieso ist Ihnen dieses Thema oder Ziel jetzt wichtig? So sprechen Sie in Ihren eigenen Worten und geben nicht nur beliebige Schlagworte wieder.

Beschreiben Sie dann, wie sich das in Ihrer Arbeit widerspiegelt und welchen Vorteil das Unternehmen davon hätte (z. B. besonders passende Produkte, Zugang zu bestimmten Zielgruppen). Je konkreter und auf die wahren Herausforderungen des potentiellen Arbeitgebers bezogen, desto besser. Ihr Gegenüber ist eventuell ein Zyniker oder Opportunist, der die erklärten großen Ziele des Unternehmens auch nur halbherzig oder gar nicht vertritt. Kommen Sie glaubhaft rüber, finden Sie trotzdem zusammen: Er nimmt Ihnen ab, dass Sie helfen können, die wahren betrieblichen Probleme zu lösen.

Zwar dürfen Sie privat jeder Überzeugung nachgehen, sollten aber überlegen, ob diese sich mit Ihrer Arbeit vereinbaren lässt. Sehr ungewöhnliche, gar extreme Ansichten oder Aktivitäten können für Probleme sorgen, wenn der Arbeitgeber davon erfährt (weil Sie z. B. in den sozialen Medien darüber berichten oder andere ihn informieren). Oft steht die Sorge um den eigenen Ruf dann im Vordergrund. Sie können das riskieren, indem Sie diesen Teil Ihres Lebens verschweigen, oder sich einen Arbeitgeber suchen, den das nicht stört.

Früh wissen, ob es passen könnte

Wer sich schon beim ersten Date vor dem anderen verstellt hat, sei es aus Unsicherheit oder Berechnung, steckt bald in ziemlichen Schwierigkeiten: Soll man Wochen oder Monate später noch zugeben, dass man von Anfang an etwas anderes wollte und damit als unehrlich dastehen? Weiter mitspielen, obwohl man jeden Tag unglücklicher ist und der andere nicht mal weiß, warum? Abrupt Schluss machen, um endlich wieder frei zu sein, auch wenn das heißt, dass beide nun von vorn anfangen müssen? Mit Offenheit und Ehrlichkeit gerade schon beim Kennenlernen ersparen Sie sich – ob das seine Risiken hat – all das: Sie wissen beide, woran Sie sind, und können sich entscheiden, ob es passen könnte. Auch danach ist nicht garantiert, dass es ein Leben lang hält, aber die

Chancen sind ungleich höher. Bei einer Arbeitsstelle geht es zwar um einen kürzeren Zeitraum, aber mehr gemeinsame Tage – montags bis freitags, morgens bis spätnachmittags – als mit einem Ehepartner, und das häufig auch über Jahre.

Motivator-Tipp: Vorbereiten, was Sie im Gespräch sagen wollen

Im Bewerbungsprozess, wenn Sie sowieso aufgeregt sind, passiert es schnell, dass Sie Ihre Prioritäten vergessen, zu etwas überredet oder gedrängt werden, das Sie gar nicht wollten. Notieren Sie sich deshalb vorab in Stichpunkten, was Ihnen für alle acht Job-Motivatoren wichtig ist. Beispiel: Ihr Wunsch- und Mindestgehalt (Gehalt), an welchem Wochentag Sie wegen der Kinder von zu Hause aus arbeiten müssten (Familie), wie Sie Ihr soziales Auftreten beschreiben würden (Team) usw. Idealerweise in ausformulierten Sätzen, die Sie sich durch mehrmaliges Vorlesen zumindest ungefähr einprägen. Im Vorstellungsgespräch werden Sie Ihre Notizen nicht hervorholen wollen, sind aber auf jeden Fall gedanklich vorbereitet und haben passende Formulierungen parat.

WIE CHEFS DIE ACHT JOB-MOTIVATOREN SEHEN

Die meisten Vorgesetzten sind keine Idealisten, sondern Pragmatiker mit Erfahrung. Daher verstehen sie die Wünsche und Forderungen ihrer Mitarbeiter, auch wenn sie das nicht immer offen zugeben und allem nachgeben können.

Wahrscheinlich haben Sie sich schon häufig Gedanken darüber gemacht, was Ihr aktueller oder zukünftiger Chef wohl von Ihnen denkt. Möglicherweise haben Sie sich auch gefragt, was er noch mit Ihnen vorhat, ob er Sie vielleicht für höhere Aufgaben oder sogar eine Beförderung vorgesehen hat – und es bisher nur noch keine Gelegenheit dazu gab. Im Normalfall muss ich Sie da enttäuschen: Er wird wahrscheinlich gar nicht viel dergleichen gedacht haben. So, wie Menschen generell das Interesse anderer an sich überschätzen, so ist es auch hier: Ihr Chef wird vor allem an sich und an seine eigenen Sorgen, Ziele und Wünsche denken. Wenn es eine Sorge gibt, die Chefs haben, dann ist es die, dass die Arbeit nicht erledigt wird und dies negativ auf sie zurückfällt. Denn auch sie haben Vorgesetzte und sind Angestellte, die Karrierehoffnungen haben, nicht ihre nächste Erfolgsbeteiligung oder gar ihren Job gefährden wollen. Ob Sie genug verdienen oder Karriere machen, ist nur dann eine Sorge für sie, wenn das die Abläufe in der Abteilung stören könnte, weil Sie zum Beispiel deswegen kündigen.

Wenn Sie also darüber nachdenken, ob Sie Ihre persönlichen Job-Motivatoren in einem Bewerbungs- oder Entwicklungsgespräch offen vertreten können, sollten Sie sich davon lösen, dass es darum ginge, was Ihr Gegenüber gut findet oder nicht. Zwar spielen auch immer seine eigenen Vorlieben und Ansichten eine Rolle, aber zuerst muss er den Auftrag erledigen, für den er bezahlt wird: sicherstellen, dass alles wie gewünscht läuft und dass es »keine Probleme» gibt.

In diesem Kapitel erfahren Sie mehr darüber, wie Chefs die acht Job-Motivatoren – den Wunsch nach mehr Geld, das Interesse an einem Aufstieg usw. – sehen, welche Herausforderungen typisch sind und wie Sie besser argumentieren. Diese Perspektive kann Ihnen zu mehr Erfolg verhelfen, weil Sie immer auch die Bedürfnisse Ihres aktuellen oder zukünftigen Vorgesetzten berücksichtigen und ihn sich damit zu einem einflussreichen Unterstützer machen.

Job-Motivator Geld: Stichhaltige Argumente

Das beginnt mit der leidigem, oft gefürchteten Geldfrage. Eigentlich könnten Vorgesetzte finanziell großzügig sein. Sie geben ja nicht ihr eigenes Geld aus, sondern das des Unternehmens. Es wäre sogar zu ihrem eigenen Vorteil, wenn sie die besten Mitarbeiter in ihr Team holen und an sich binden könnten, indem sie sie besonders gut bezahlen. Allerdings haben sie Budgetvorgaben einzuhalten, oft zusätzlich komplizierte interne Vorgaben über die Abstufung der Bezahlung nach Ebene und Stelle (sog. »Vergütungsstruktur«).

Verlangen Sie mehr Geld als üblich, erfordert das von Ihrem Vorgesetzte schwierige, meist unangenehme Gespräche auf höherer Ebene. Viele scheuen sich davor, oft aus Feigheit oder mangelnder eigener Durchsetzungskraft. Zudem gibt es zwar Chefs, die glauben, dass ihre Mitarbeiter »gepampert«

(verwöhnt) werden sollten, damit sie sich voll einsetzen. Andere aber halten sie lieber kurz, weil sie fürchten, sie würden sonst bald noch mehr fordern und die anderen, bisher zögerlichen Kollegen dazu ermutigen, ebenfalls mehr zu verlangen.

Sie helfen Ihrem Vorgesetzten, indem Sie ihm stichhaltige Argumente geben, mit denen er intern argumentieren kann: Warum sich die (zusätzliche) Ausgabe für das Unternehmen lohnt – und dass es langfristig teurer wäre, es nicht zu tun. Beispiel: Sie würden sonst zur Konkurrenz gehen; dann müsste die Stelle neu besetzt werden, eventuell ebenso zu einem höheren Gehalt. Zum anderen sollte Ihr Chef auf Ihre volle Loyalität vertrauen können.

Job-Motivator Familie: Zuverlässigkeit betonen

Statistiken zeigen: Nur 35 Prozent der männlichen und 27 Prozent der weiblichen Führungskräfte haben Kinder, und zwar meist nur ein bis zwei. 16 Prozent der Chefs und 30 Prozent der Chefinnen mit Kindern daheim beschäftigen zudem eine Haushaltshilfe.[38] Danach hat die überwiegende Mehrheit der Vorgesetzten überhaupt keine eigene Erfahrung mit Kindern – und diejenigen, die welche haben, können sich aufgrund ihres Einkommens externe Unterstützung holen.

Betonen Sie, dass Ihnen Ihre Familie besonders wichtig ist, müssen Sie daher damit rechnen, dass Ihr Gegenüber gar keine oder recht unrealistische Vorstellungen davon hat, was das wirklich bedeutet. Nach dem Motto »Das bisschen Haushalt macht sich doch allein, sagt mein Chef …«. Andererseits stellen Sie bei denjenigen, die selbst überlastet sind, oft sogar Verbitterung und Missgunst fest: »Tja, ich hätte auch

---

[38] Deutsches Institut für Wirtschaft: *Führungskräfte-Monitor 2017,* Tabelle 1.8.1, https://www.diw.de/documents/publikationen/73/diw_01.c.561925.de/diwkompakt_2017-121.pdf

gern mehr Zeit daheim!« Bis zu einem gewissen Grad können Sie hier argumentieren, indem Sie Ihre Sachzwänge kurz und ohne Vorwurf erklären. Zum Beispiel: »Ich muss leider pünktlich um 16:30 Uhr gehen, weil unsere Kita um 17 Uhr schließt.« Zeigen Sie aber gleichzeitig, dass Sie die Anliegen Ihres Vorgesetzten verstehen und ernst nehmen: »Ich kann dem Kunden aber noch eine Rückmeldung geben und mich morgen früh als Erstes um das Angebot für ihn kümmern.«

Job-Motivator Team: Leistung anderer anerkennen

Es gibt wenig, was Vorgesetzte mehr freut und stolz macht, als wenn sie oder ihr Team der wichtigste Grund sind, dass sie (weiter) im Unternehmen arbeiten wollen. Mitarbeiter ohne Führungsverantwortung haben oft keine Vorstellung davon, wie schwierig es ist, fachlich und menschlich passende Teammitglieder zu finden und langfristig zu halten – und sich übrigens auch umgekehrt einmal von denen zu trennen, bei denen das nicht mehr der Fall ist. Die meisten Führungskräfte hören von ihren Mitarbeitern vor allem, wenn diese Probleme, Wünsche oder Forderungen haben. Sie stechen deswegen schon damit heraus, dass Sie sich regelmäßig für die Arbeit Ihres Chefs und Ihrer Kollegen interessieren und bedanken, deren Leistung benennen und anerkennen – und ihnen etwas abnehmen, wenn es sich anbietet. Immer mal fragen, was sie beschäftigt und was sie sich wünschen, zuhören.

So erfordert es keine besondere Anstrengung, mit Ihrem Interesse an Ihrem Chef bzw. dem Team zu argumentieren. Sie sprechen damit den Stolz und auch ein wenig die Eitelkeit des anderen an, sind auch hier eher die Ausnahme, weil es den anderen eher ums Geld, die Karriere oder Sonderwünsche geht. Erinnern Sie – je nach Möglichkeit – einfach an frühere gemeinsame Stationen, sprechen Sie ähnliche Werdegänge, Erfahrungen und Ziele an. Schon wird selbst ein angeblich schwieriger Vorgesetzter umgänglich und behandelt sie geradezu freundschaftlich, wenn andere ihn fürchten.

Sich für den Chef und seine Bedürfnisse interessieren
Mitarbeitern ohne Leitungsfunktion ist es häufig nicht bewusst: Vorgesetzte haben oft den Eindruck, vor allem mit Forderungen und Beschwerden bedrängt zu werden – sowohl von der höheren Ebene (z. B. der Bereichs- oder Geschäftsleitung), aber auch von den Mitarbeitern. Entsprechend reagieren sie oft schon vorbeugend mit Abwehr. Sie können sich positiv abheben, indem Sie sich für Ihren Chef interessieren: Was beschäftigt ihn, was könnte ihm helfen? Er wird im Gegenzug auch offener für Ihre Wünsche sein.

Job-Motivator Karriere: Abschied erleichtern

Wenn Sie Karriere machen wollen, ist das selten im Interesse Ihres Vorgesetzten. Sind Sie gut, verliert er Sie als wertvolle Arbeitskraft, wenn Sie intern befördert werden oder in ein anderes Unternehmen wechseln. Sind Sie besonders ehrgeizig, fürchtet er möglicherweise, dass Sie seine Stelle wollen und deswegen heimlich gegen ihn intrigieren. Solch ein Versuch geht zwar meistens schief, aber dann gäbe es auch keine gemeinsame Basis mehr. In größeren Unternehmen gibt es innerhalb der Teams häufig noch Zwischenebenen, die sich zwar nur im Stellentitel und geringfügig im Gehalt unterscheiden, sonst aber keine weiteren Befugnisse mit sich bringen. Eine solche Zwischenebene erlaubt es Vorgesetzten aber, jemanden zumindest pro forma zu befördern (z. B. zum Teamleiter zu erklären, obwohl er nur eine weitere Kollegin hat oder sogar nur allein arbeitet). Das befriedigt einen Aufstiegswunsch nicht wirklich, ist aber eine gute Zwischenlösung.

Erfahrene, professionelle Führungskräfte, die niemandem mehr etwas beweisen müssen, fördern ihre besten Mitarbeiter unaufgefordert und gern selbst. Sie wissen, dass jede Zusammenarbeit einmal ein Ende hat. Sie können Ihrem Chef den absehbaren Abschied leichter machen, indem Sie seine Rolle als Vorbild und Mentor betonen: sich dankbar zeigen für das, was Sie von ihm gelernt haben, und ihm versichern, dass Sie ihm »keine Schande machen werden«.

Job-Motivator Weiterentwicklung: Nutzen herausstellen

Wollen Sie sich weiterentwickeln, wird Ihr Vorgesetzter das grundsätzlich begrüßenswert finden. Die Budgets speziell für Weiterbildungen, die es meist sowohl in der HR als auch zusätzlich in der Fachabteilung gibt, werden mangels ausreichender Nachfrage häufig gar nicht ausgeschöpft. So werden Vorgesetzte oft sogar ermutigt, mehr dafür zu werben. Sie fürchten allerdings, dass dann die Arbeit liegen bleibt, wenn alle bei Kursen sind. Zudem wird die Frage nach Möglichkeiten zur Weiterentwicklung meist so verstanden, dass Sie andere Aufgaben oder den nächsten Karriereschritt machen wollen. Das bringt Ihren Vorgesetzten in eine Zwickmühle, denn häufig kann er Ihnen keines von beidem anbieten. So muss er fürchten, dass Sie heimlich schon Ihren Absprung vorbereiten; er fühlt sich deswegen einerseits ohnmächtig (er kann es ja nicht verhindern), andererseits unter Druck gesetzt.

Sie nehmen Ihrem Chef all diese Ängste, wenn Sie den Nutzen für das Unternehmen und sein Team herausstellen. Das setzt voraus, dass Sie sich für ein Angebot entscheiden, sei es ein Kurs oder z. B. eine interne Rotation (Einsatz in einem anderen Team), das Ihnen tatsächlich hilft, Ihre Arbeit besser zu erledigen. Dann können Sie auch als zusätzlichen Anreiz ergänzen: »Ich will ja schließlich noch eine ganze Weile im Team bleiben.« In Zeiten sinkenden Loyalität, und zwar auf beiden Seiten, ist das wieder ein echter Pluspunkt.

Job-Motivator Gesundheit: Berechenbarkeit hilft

Das Verständnis für gesundheitliche Bedürfnisse und Einschränkungen ist inzwischen in den meisten Unternehmen hoch. Die Führungskräfte sind über die entsprechenden Angebote informiert, wurden nicht selten auch dazu geschult. Gleichzeitig sorgen sie sich angesichts der enormen, ständig steigenden Zahl der Krankmeldungen, insbesondere von den jüngsten Kollegen im Team. Jemand muss trotz aller Rücksichtnahme auch noch die Arbeit erledigen. Benötigen Sie mehr Unterstützung, wird Ihr Vorgesetzter im Normalfall volles Verständnis zeigen und Sie vielleicht auch direkt auf passende Angebote des Unternehmens hinweisen. Gleichzeitig muss er eine Bewertung vornehmen: Werden Sie weitgehend ausfallen, kann er nicht mehr sicher mit Ihnen rechnen, muss er Sie eventuell ganz ersetzen? Das ist keine kühle Grausamkeit, sondern seine Aufgabe: Er muss sicherstellen, dass alles weiterläuft.

Sie können Ihren Teil dazu beitragen, indem Sie realistische Annahmen machen, wie leistungsfähig Sie wirklich sind. Versprechen Sie Ihrem Chef nichts, was Sie absehbar nicht einlösen können, um ihn nicht zu enttäuschen oder zu verärgern. Zum Beispiel: »Ich muss meine Arbeitszeit für einige Monate auf 50 Prozent reduzieren, ich schaffe aktuell nicht mehr.« Vielleicht sorgt das kurzfristig für Missstimmung; hat er aber erst einmal eine Lösung organisiert (z. B. Vertretung in Teilzeit), wird er Ihnen für Ihre Ehrlichkeit dankbar sein.

Job-Motivator Spaß: Professionalität nie vergessen

Natürlich gibt es keinen Vorgesetzten, der nicht auch gern Spaß hat. Aber es hängt sehr von der Persönlichkeit und kulturellen Prägung ab, ob er meint, dass das auch am Arbeitsplatz ausgelebt werden sollte. Einige Chefs werden das sogar als Vorteil sehen und davon ausgehen, dass die Arbeit damit mindestens angenehmer, vielleicht sogar produktiver wird. Andere werden im Gegenteil befürchten, dass Disziplin und Ordnung leiden, und damit auch das Ergebnis.

Wünschen Sie sich Spaß bei der Arbeit, hängt es also sehr vom individuellen Vorgesetzten und der generellen Unternehmenskultur ab, wie das aufgefasst wird: als begrüßenswerter Beitrag zur gemeinsamen Anstrengung, das Beste zu erreichen, oder als zweifelhafte Flucht aus der gebotenen Ernsthaftigkeit und Zuverlässigkeit. Beobachten Sie Ihren Chef ein wenig, so werden Sie bald feststellen, in welche der beiden Richtungen er tendiert. Grundsätzlich profitieren Sie aber vom Trend zu organisierten Team-Vergnügen.

Für Sie ist es allerdings persönlich vorteilhaft, nie einen Zweifel daran zu lassen, dass Sie die Arbeit in jedem Fall professionell und zuverlässig erledigen. Werden Sie gesellig mit dem Chef und den Kollegen (z. B. nach Feierabend noch gemeinsam etwas trinken gehen, am Wochenende zusammen etwas unternehmen), sollten Sie nie vergessen, dass es trotzdem eine Hierarchie und Grenzen gibt. Allzu große Vertraulichkeiten, gar Grenzüberschreitungen, rächen sich.

Job-Motivator Lebenssinn: Moderate Ansichten

Insbesondere langjährige Vorgesetzte haben schon viele Moden kommen und gehen gesehen und gehen sie rein pragmatisch an. Daher werden Sie feststellen, dass viele den aktuellen »Sinn-Hype« nicht besonders ernst nehmen und rein opportunistisch betrachten: »Wenn es aktuell gefragt ist, machen wir es eben.« Die Firma will gendern? »Ich finde es auch komisch, aber der Vorstand hat es aktuell so entschieden, also muss es sein.« Wie Ihr Chef persönlich darüber denkt, werden Sie bald zwischen den Zeilen herauslesen können. Wie meistens, sind wenige komplett dafür oder dagegen, die Mehrheit irgendwo zwischen Offenheit, Pragmatismus und leichtem Genervtsein. So sind Sie, wenn ehrlich gesprochen wird, im Normalfall in einer Außenseiterposition, wenn Sie begeistert dafür oder leidenschaftlich dagegen sind. Die meisten Menschen haben moderate Ansichten.

Am Ende geht es Ihrem Vorgesetzten darum, dass die Arbeit erledigt wird und er nicht ständig Grundsatzdiskussionen führen muss. Er hat bereits genug Probleme. Sie helfen ihm und auch sich selbst, wenn Sie bestätigen, dass Sie beides sicherstellen können, ganz gleich, wie Ihre Ansichten auch im Detail sein mögen. Das sollte allerdings auch ernst gemeint sein. Neigen Sie eher zu extremen Ansichten, ganz dafür oder dagegen, werden Sie in einem passenden Umfeld glücklicher.

Chefs sind auch nur Menschen

Ein Vorstellungs-, Gehalts- oder Entwicklungsgespräch ist den meisten Mitarbeitern unangenehm: Sie fürchten sich davor, es ist ihnen peinlich oder sie sind unsicher, was sie sagen sollen und wie. Als langjähriger Coach darf ich Ihnen versichern: Den meisten Führungskräften geht es ebenso, auch wenn sie es vielleicht besser verstecken. Oft hat die Unternehmensleitung diese Gespräche verpflichtend festgelegt und an sie delegiert, sie würden sie selbst anders gestalten oder anders entscheiden. »Vorgesetzte sind auch nur Menschen« ist etwas, das man sich immer wieder einmal in Erinnerung rufen muss. Weder Überhöhung noch Herabsetzung sind angemessen, sondern ein respektvoller, professioneller Umgang miteinander. Nicht jedes Gespräch ist ein Erfolg, aber die Chance, etwas zu besprechen und auszuhandeln.

Motivator-Tipp: Darauf achten, was Ihr Chef nicht ausspricht, aber signalisiert

Aus verschiedenen Gründen können Vorgesetzte nicht immer offen sagen, was sie wissen und wirklich denken, geben aber meist entsprechende Signale. Werden Sie zum Beispiel auch nach dreimaliger Nachfrage nicht befördert, hat er sie keinesfalls »noch nicht verstanden« und muss es deshalb ein viertes Mal hören. Wahrscheinlicher ist, dass er es Ihnen nicht anbieten kann oder Sie für ungeeignet hält, Sie aber auch nicht entmutigen will. Umgekehrt kann es sein, dass Sie vor einer Nachfrage (z. B. nach einem anderen Aufgabengebiet) zurückschrecken, weil Sie ihn nicht verärgern wollen. Er sucht aber eventuell gerade jemanden dafür. Vermeiden Sie eigene Vermutungen. Fragen Sie nach – und hören Sie dann aufmerksam zu, was gesagt und zusätzlich angedeutet wird.

KRITIK AN IHREN PRIORITÄTEN – SO WEHREN SIE SICH

Wegen des Geldes arbeiten? Ziemlich materialistisch! Für die Familie zurückstecken? Wird sich später rächen. Für einen guten Zweck arbeiten? Schön dumm. So antworten Sie auf Kritik an Ihren Entscheidungen, ohne sich zu streiten.

Selbst in wirtschaftlich schwierigen Zeiten ist eines immer reichlich verfügbar: ungebetene Meinungen und Ratschläge. Selbst wenn Sie sich Ihre Entscheidungen lange überlegt haben: Es gibt immer jemanden, der besser als Sie zu wissen glaubt, was gut für Sie wäre. Vielleicht wollen Sie nur einen entspannten Job, der vernünftig bezahlt ist und geregelte Arbeitszeiten hat. Aber die Sachbearbeiterin der HR-Abteilung sagt: »Du hast so viel Potenzial, das musst du entwickeln. Weißt du, was, ich melde dich gleich mal in unserem neuen Programm für *High Potentials* an!« Ihnen wäre wichtig, dass es mehr Mitarbeiterparkplätze gäbe, weil Sie zur Arbeit pendeln. Stattdessen meint der Vorstand: »Wir bieten jetzt einen Rabatt auf die Nahverkehrsabos an«, nur leider nützen Ihnen diese Verbindungen gar nichts. Sprechen Sie das an, heißt es vorwurfsvoll: »Ach, und wie es dem Klima geht, ist dir wohl egal?«

Auch bei Bewerbungs- oder Entwicklungsgesprächen kann das passieren. Sie wollen mit der Arbeitszeit herunter, um mehr Zeit für die Kinder zu haben – und der Chef sagt verärgert, dass Sie doch das Team gerade jetzt, wo so viel zu tun ist, nicht im Stich lassen können. Ihnen wäre wichtig, endlich befördert zu werden, Sie hören aber, dass das wegen der »flachen Hierarchien« gar nicht mehr zeitgemäß wäre. Auch die Bemerkungen von Freunden sind in beruflichen Fragen häufig kontraproduktiv: »Das willst du doch nicht wirklich?!«

Wer eigene Wünsche äußert, muss – trifft er nicht zufällig das, was sich das Gegenüber vorstellt – immer mit Kritik rechnen. Nur selten ist sie sachlich, sondern unterstellt niedere oder einfach falsche Motive. Da kann die Stellenausschreibung noch so kunterbunt gestaltet sein, da kann überall von »Vielfalt und Inklusion« die Rede sein: Am Ende müssen Sie für sich einstehen, auch wenn andere auf ihrem Standpunkt beharren. In diesem Kapitel finden Sie für alle acht Job-Motivatoren typische Kritikpunkte und Vorwürfe – und wie Sie beruflich und privat für Ihre persönlichen Prioritäten und Entscheidungen argumentieren könnten.

Sie müssen sich nicht jedem erklären

Es gibt für Sie keinen Grund, sich jedem zu erklären und vielleicht noch unnötig ins Stottern zu kommen. Legen Sie sich einige allgemeingültige Sätze bereit, mit denen Sie freundlich antworten können, ohne in die Defensive zu geraten: »Vielen Dank für die Nachfrage. Mir ist es so einfach lieber«, »Mir ist es wichtig, du kannst es selbstverständlich anders halten«. Wenn Sie ins Detail gehen und sich erklären wollen, tun Sie das – aber freiwillig. Fällt Ihnen das Abgrenzen von den Erwartungen und Forderungen anderer schwer, finden Sie Empfehlungen dafür in meinem Ratgeber *Ich mach da nicht mehr mit.*[39]

[39] Albert, Attila: *Ich mach da nicht mehr mit: Wie du dich endlich abgrenzt und auch mal die anderen leiden lässt.* Gräfe und Unzer Verlag, München, 2020

Job-Motivator Geld: Qualität hateben ihren Preis

Ist Ihnen ein hohes Einkommen wichtig, wird man Ihnen Materialismus unterstellen, bei größeren Beträgen auch Gier und Käuflichkeit. Die Vorwürfe sind hier meist als moralische Kritik verpackt: »Für Geld machen manche wohl alles.« oder »Ein bisschen egoistisch, nur an den eigenen Vorteil zu denken.« Manchmal auch mit geheuchelter Fürsorge: »Hast du es wirklich so nötig?« Dazu wird angedeutet, dass Ihre Loyalität dann wohl also immer beim Meistbietenden liegen müsse, Sie also keine weitere Bindung ans Unternehmen hätten.

In einem Bewerbungs- oder Gehaltsgespräch empfiehlt sich als Gegenstrategie, ganz Ihre Professionalität zu betonen: Sie leisten gute Arbeit und erwarten, entsprechend bezahlt zu werden. Wer damit ein Problem hat, muss sich im Gegenzug fragen lassen, ob er seine Mitarbeiter ausnutzen will oder selbst knapp bei Kasse ist. Drücken Sie das aber subtiler aus: »Meine finanzielle Erwartung ist marktüblich und meiner Leistung und Erfahrung angemessen. Daher gehe ich davon aus, dass wir eine Lösung finden werden.«

Bei offenen Vorwürfen können Sie deutlicher werden: »Dann ist die Stelle scheinbar doch niedriger angesiedelt, als die Ausschreibung suggeriert hat.« oder »Wenn das gar nicht im Budget liegt, ist es wahrscheinlich wirklich nicht das Richtige.« Sehr persönlich wird es dagegen genommen, wenn Sie das Offensichtliche aussprechen: dass Ihr Gegenüber eventuell sogar mehr verdient, Sie aber drücken will. Hier könnten Sie ein wenig leutselig sagen: »Sie achten ja sicher auch darauf, dass das Einkommen zur Tätigkeit passt.«

Kritisiert Sie jemand privat wegen Ihrer finanziellen Prioritäten, steckt fast immer Neid dahinter. Auf das Geld, aber auch darauf, dass Sie sich getraut haben und durchsetzen konnten. Sie können antworten, als hätten Sie den Vorwurf gar nicht mitbekommen: »Danke für deine Sorge, ich komme schon klar.« Oder aber empathisch: »Es ist tatsächlich nicht leicht, seine finanziellen Ziele zu erreichen. Wenn ich dir dafür einige Tipps geben kann, sehr gerne.« Das nimmt dem Gespräch die Schärfe und wird oft als hilfreich angenommen.

Job-Motivator Familie: Sie sind gut organisiert

Sind Ihnen partnerschaftliche und familiäre Aspekte besonders wichtig, wird man insgeheim bezweifeln, dass Sie Ihren beruflichen Aufgaben voll nachkommen können und sich dabei nicht ständig überfordern. Dieser Verdacht klingt meist wie mitfühlende Sorge: »Sind Sie sicher, dass Sie das schaffen?«, »Das könnte auf Dauer zu viel werden«. Von Freunden hören Sie oft wohlmeinende Ratschläge, die nur gar nicht zu Ihren Prioritäten passen: »Du musst auch an deine Karriere denken«, »Pass auf, das wird dir später keiner danken«.

In einem Bewerbungs- oder Entwicklungsgespräch empfiehlt es sich als Gegenstrategie, Ihre Fähigkeit zu einem ganzheitlichen Lebensstil klarzustellen. Ihnen ist bewusst, dass Sie gegensätzliche Anforderungen ausbalancieren müssen. Sie haben sich dafür entschieden und sind dazu in der Lage: »Vielen Dank für die Nachfrage. Selbstverständlich achte ich auf gute Organisation. Das ist nicht immer ganz einfach, aber machbar.« Lenken Sie das Gespräch also vom grundsätzlichen Zweifel zu einer organisatorischen Diskussion.

Manchmal hören Sie den Vorwurf, dass Sie Ihr »Potenzial verschenken« würden: »Willst du wirklich aufgeben, was du dir bisher aufgebaut hast? Du hast doch auch eine gewisse Verantwortung hier.« Darauf könnten Sie entgegnen: »Für diese Möglichkeit bin ich dankbar, ich habe aber in meiner aktuellen Lebensphase andere Schwerpunkte. Das wird nicht ewig so bleiben, und ich bin sehr offen dafür, dieses Gespräch dann fortzusetzen.« Hier nehmen Sie also Ihr Gegenüber in die Pflicht, Ihnen die versprochenen Optionen offenzuhalten. Sie entscheiden jedoch, welche Sie nutzen wollen.

Im Privaten könnten Sie darauf verweisen, dass Ihnen die Risiken selbst klar sind, Sie sie aber bewusst und gern in Kauf nehmen: »Bitte mach dir keine Sorgen. Ich weiß, was ich tue. Danke dir aber, dass du auch darüber nachgedacht hast.« Das zieht auch eine gewisse Grenze: Es ist Ihr Leben, und andere haben da nur begrenzt mitzureden. Bedrängt man Sie weiter mit ungebetenen Ratschlägen: »Wenn ich einen Rat in dieser Sache benötige, melde ich mich auf jeden Fall. Aber so weit ist alles entschieden und organisiert, danke dir.«

Job-Motivator Team: Gemeinsame Ergebnisse im Fokus

Ist Ihnen das Team besonders wichtig, wird man das anfänglich begrüßen, aber skeptisch werden, wenn Sie das deutlich betonen. Der Verdacht: Sie interessiert eher die Geselligkeit (z. B. Teamfeiern) als die Arbeit – oder Sie kommen mit Ihren Aufgaben nicht allein klar und stellen daher besonders auf die anderen Kollegen ab, die helfen sollen. »Bei uns hat natürlich trotzdem jeder zuerst eine eigene Verantwortung«, hören Sie dann eventuell. Freunde raten ebenfalls, nicht zu viel zu erwarten: »Ein Familienersatz ist die Arbeit nie.«

Bei einem Bewerbungs- oder Entwicklungsgespräch ist es ratsam, sich als selbstbestimmter Teil eines Teams zu zeigen. Lassen Sie dabei keinen Zweifel daran, dass Sie sich einfügen können – und das Team als entscheidend dafür ansehen, gemeinsam die bestmöglichen Ergebnisse zu erreichen. »Mir ist klar, dass jeder seinen Beitrag leisten muss. Gleichzeitig bin ich davon überzeugt, dass wir gemeinsam mehr schaffen«, könnten Sie beispielsweise sagen. »Ich kann mit ganz unterschiedlichen Menschen gut zusammenarbeiten.« Oder auch: »Ich finde es spannend, wenn das Team gemischt ist.«

Möglicherweise entsteht der Verdacht, dass Sie berufliche und private Dinge nur schwer voneinander trennen können. Eine entsprechende Bemerkung könnte sein: »Ihnen ist schon klar, dass wir manchmal auch harte Entscheidungen treffen müssen, sosehr wir unsere Kollegen schätzen?« Hier will man wissen, wo Ihre Loyalität liegt. Eine gute Antwort darauf wäre: »Das ist mir klar und gehört bei einem Unternehmen dazu. Die Arbeit geht im Zweifel immer vor, aber man versucht, es auch menschlich so angenehm wie möglich zu halten.«

Wird im Privaten kritisiert, dass Ihnen das Team wichtig ist, Sie beispielsweise auch in Ihrer Freizeit viel mit Kollegen unternehmen, spricht daraus oft Eifersucht. Die anderen fühlen sich ausgeschlossen. Sie würden gern auch so etwas erleben oder mehr Zeit Ihnen verbringen, wollen das nur nicht offen zugeben. Antworten Sie, als würden Sie das gar nicht mitbekommen: »Ja, es ist wirklich schön, dass wir uns so gut verstehen.« Oft will man Sie auch vor der Enttäuschung bewahren, dass Sie bei einem Verlust Ihrer Arbeitsstelle zugleich einen großen Teil Ihrer Freunde verlieren würden. »Das ist mir bewusst, aber ich habe natürlich mehr Kontakte.«

Job-Motivator Karriere: Arbeitgebervorteile betonen

Wollen Sie vor allem Karriere machen, so wird man Ihnen Egoismus unterstellen, meist auch mangelnde Rücksicht auf das Team. Vorgesetzte behaupten plötzlich, es ginge gar nicht um Leistung, sondern um erworbene Vorrechte: »Jetzt sind erst einmal andere an der Reihe, die es sich schon länger verdient haben«, »Es geht hier nicht immer nur um dich«. Freunde argumentieren philosophisch: »Man kann im Leben nicht alles haben«, »Karriere ist nicht alles«. Einige deuten Skrupellosigkeit an: »Für die Karriere gehen manche über Leichen.« Das ist oft besonders verblüffend, wenn genau diese Menschen bisher die gegenteilige Position vertreten haben und für die eigene Karriere alles eingesetzt haben, was ihnen möglich war.

In einem Bewerbungs- oder Entwicklungsgespräch empfiehlt es sich als Gegenstrategie herauszustellen, dass Sie zuerst die Interessen des Unternehmens im Blick haben. Sie wollen nicht Karriere hauptsächlich zum eigenen Vorteil machen, sondern um »sich stärker einbringen zu können«, »Verantwortung zu übernehmen«. Im Idealfall können Sie das konkretisieren. Beispiel: »Viele wichtige Kunden kann ich jetzt noch nicht ansprechen. Als Key-Account-Manager hätte ich mehr Möglichkeiten, unseren Umsatz zu steigern.«

Wird Ihnen vorgeworfen, dass Sie ungebührlich drängen, können Sie das offen adressieren: »Ich weiß, dass sich mehrere für einen Aufstieg interessieren, und wir haben viele gute Leute im Unternehmen. Aber ich denke, ich könnte einen echten Unterschied bewirken.« Bleiben Sie also bei der Argumentation, dass die Vorteile für Ihren Arbeitgeber und das Interesse an der Aufgabe Sie in erster Linie motivieren: »Mir macht es einfach Freude, mitgestalten zu können.« Ihre persönlichen Vorteile sind nur ein Nebeneffekt, kaum der Rede wert.

Mäkelt jemand privat daran herum, dass Sie Karriere machen wollen, können Sie den stillen, meist neidischen Vorwurf bewusst überhören: »Ich verstehe, dass das nicht für jeden ist.« Mehr müssen Sie nicht erklären, sich auch nicht rechtfertigen. Meist hatte der andere ähnliche Hoffnungen, ist aber bisher nicht weitergekommen. Aus Rücksicht können Sie Ihre Anstrengungen herunterspielen: »Vieles hat sich einfach ergeben, das war manchmal reiner Zufall. Wer weiß, wo es dich noch hin verschlägt!« Das macht dem anderen eventuell sogar wieder Hoffnung, dass es auch für ihn noch klappen kann.

Job-Motivator Weiterentwicklung: Interesse am Thema

Wollen Sie sich fachlich bzw. inhaltlich weiterentwickeln, wird man Ihnen Desinteresse an der eigentlichen Aufgabe vorwerfen, eventuell auch Flatterhaftigkeit und nachlassende Loyalität. Die Vorwürfe sind meist als Fürsorge verpackt: »Das ist eigentlich nicht nötig und bringt dich eh nicht weiter«, »Ein Zertifikat ist kein Ticket für den nächsten Karriereschritt«. Auch Freunde argumentieren häufig so, als wollten sie Sie vor einem Fehler bewahren: »Überleg dir das noch mal, das bringt nicht viel«, »Du musst dich mal für was entscheiden«.

In einem Bewerbungs- oder Entwicklungsgespräch empfiehlt es sich als Gegenstrategie, Ihr fortgesetztes Interesse an Ihrer Stelle und Aufgabe zu betonen. Stellen Sie klar, dass Sie sich im Interesse des Unternehmens weiterentwickeln wollen: »Mir ist es wichtig, dass mein Fachwissen aktuell bleibt«, »In unserem Gebiet bewegt sich ja ständig etwas, da möchte ich informiert bleiben«. Sprechen Sie die Sorge, Sie könnten schon auf dem Absprung sein, offen an: »Ich sehe mich langfristig hier, deshalb möchte ich bestmöglich qualifiziert sein.«

Eventuell will man Sie unbedingt auf Ihre bisherige Rolle festlegen und bremsen. Erklären Sie dann, dass Sie sich auf jeden Fall weiterentwickeln werden, hier oder anderswo. Lassen Sie es nicht wie eine Drohung klingen, sondern verbindlich und selbstbestimmt: »Mir ist es wichtig, dass ich dazulerne. Der passende Rahmen dafür wird sich finden, da bin ich zuversichtlich.« Appellieren Sie ruhig an die Eitelkeit Ihres Gegenübers: »Wie ich an Ihrem Lebenslauf sehe, haben Sie sich immer weiterentwickelt. Das ist für mich ein Vorbild.«

Wenn Freunde Sie unbedingt abhalten wollen, liegt das meist an Neid: Sie ziehen durch, wovon andere nur träumen. Entkräften Sie deren Argument mit dem Hinweis, dass Sie gar keine direkten Erwartungen haben, was die Zukunft bringt:

»Mich interessiert das Thema, und was sich danach ergibt, werde ich sehen.« So strahlen Sie Bestimmtheit und Zuversicht aus. Wird weiter nachgefragt, können Sie das Thema mit dieser Versicherung beenden: »Keine Sorge, ich kann mir das zeitlich und finanziell leisten. Das ist in Ordnung so.«

Job-Motivator Gesundheit: Zuverlässigkeit zeigen

Bringen Sie im Berufsleben alters- oder gesundheitsbedingte Prioritäten vor, zeigt sich Kritik daran meist verdeckt als Fürsorglichkeit: »Hoffentlich wird Ihnen das nicht zu viel.« oder »Sind Sie sicher, dass Sie das noch schaffen?«. Der Arbeitgeber ist aber natürlich vor allem besorgt, dass Sie die Stelle besetzen, aber nicht die volle Leistung bringen können. Auch wohlmeinende Freunde zweifeln: »Hoffentlich überforderst du dich nicht. Willst du dir das wirklich noch zumuten?« Oder: »An deiner Stelle würde ich mir das nicht mehr antun.«

Bei einem Bewerbungs- oder Entwicklungsgespräch empfiehlt sich als Gegenstrategie, Ihre Verlässlichkeit zu betonen. Sie kennen Ihre Grenzen und handeln danach; Sie versprechen zum Beispiel nur, was Sie halten können. »Ich weiß, was ich leisten kann, und kann zusagen, dass die Arbeit korrekt erledigt wird«, könnten Sie sagen. »Gewisse Einschränkungen sind mir bewusst. Ich werde das bei der Planung und Organisation berücksichtigen, damit immer alles läuft.« Damit zeigen Sie ein realistisches Selbstbild und Verantwortungsgefühl.

Anschließend könnten Sie auf die Selbstverpflichtung des Unternehmens verweisen, ein »integrativer Arbeitgeber« zu sein, der »jegliche Form von Diskriminierung ablehnt«. Nicht als Vorwurf der Heuchelei, sondern als Appell an den eigenen Anspruch: »Ich habe mit Freude gelesen, was für ein moderner Arbeitgeber Sie sind. Ich bin sicher, wir finden gemeinsam eine gute Lösung.« Lenken Sie das Gespräch also zu organisatorischen Details (z. B. wie viel Prozent Sie arbeiten, wer bei Abwesenheit Ihre Termine und Aufgaben übernimmt).

Merkt jemand privat an, dass Sie »wohl nicht mehr so können wie früher« oder »das vielleicht alles nicht mehr schaffen«, zeigt das mangelnde Empathie, auch wenn es vielleicht besorgt oder klingen sollte. Lassen Sie sich davon nicht verletzen oder verunsichern. Zeigen Sie stattdessen auch hier, dass Sie alles unter Kontrolle haben und gleichzeitig nach Bedarf entscheiden. »Danke für deine Anteilnahme. Ich schaue einfach einmal, wie weit ich komme«, könnten Sie entgegnen. »Wenn es einmal nicht mehr geht, werde ich handeln. Mach dir meinetwegen keine Sorgen, ist wirklich nicht nötig.«

Job-Motivator Spaß: Mit guter Laune gegen den Stress

Wünschen Sie sich Spaß und Freude bei der Arbeit, reagieren Arbeitgeber oft mit der gut gemeinten Ermahnung, die Erwartungen zu senken: »Es ist leider auch bei uns nicht alles Gold, was glänzt«, »Am Ende wird hier schon noch gearbeitet«. Das ist nicht selten unerwartet ernüchternd, in einem Vorstellungsgespräch meist auch gänzlich unerwartet. Dabei schwingt der Vorwurf mit, dass Sie eventuell die Ernsthaftigkeit nicht erkennen und selbst vermissen lassen: »Wir sind hier schon sehr ergebnisorientiert.« Freunde raten ebenfalls zur Mäßigung: »Du musst jetzt auch mal an den Ernst des Lebens denken«, »Man kann nicht immer nur Spaß haben«.

Bei einem Bewerbungs- oder Entwicklungsgespräch empfiehlt es sich daher, Ihren Wunsch nach Spaß bei der Arbeit als bewusste Entscheidung für eine »positive Arbeitsatmosphäre«, »hilfsbereit, konstruktiv und zielorientiert« darzustellen. Er ist also kein Selbstzweck, sondern soll – im Interesse der Ergebnisse – dabei helfen, die Herausforderungen und den Stress bestmöglich zu bewältigen. »Mir ist wichtig, dass auch in schwierigen Situationen ein guter Umgang miteinander herrscht, und ich bin interessiert daran, das zu unterstützen«, könnten Sie das professionell ausdrücken.

Eventuell wird das angezweifelt, weil sich viele Berufstätige so an Negativität im Job gewöhnt haben, dass sie sich gar nichts anderes mehr vorstellen können. Das könnten Sie anerkennen und danach Ihr Auftreten als überlegten Gegenentwurf erklären: »Ja, das kenne ich von einigen früheren Unternehmen auch. Ich habe mich gerade deshalb entschieden, anders aufzutreten. Meine Erfahrung ist, dass man durch eigenes Vorbild oft enorme Veränderungen erreicht.« So zeigen Sie emotionale Intelligenz und Führungsqualitäten.

Wirft man Ihnen privat vor, in Bezug auf die Arbeit »immer nur Spaß haben zu wollen« oder sogar »nichts ernst zu nehmen«, spricht daraus oft Enttäuschung. Andere wollten das auch einmal und haben damit schlechte Erfahrungen gemacht, sind deswegen desillusioniert oder sogar verbittert. Sie haben sich das spielerische Herangehen der Jugend dagegen bewahrt. »Das stimmt, oft ist das nicht einfach«, könnten Sie entgegnen. »Aber ich versuche, in jedem Menschen das Gute zu sehen und zusammen eine angenehme Zeit zu haben.« Das ermutigt eventuell sogar die anderen wieder.

Job-Motivator Lebenssinn: Ausgewogene Interessen

Wollen Sie auf mehr Sinnhaftigkeit achten, wird das manchem wie eine *Wohlstandsneurose* vorkommen: Sie haben »keine echten Probleme mehr«, ist die Vermutung, und suchen sich deshalb jetzt selbst welche. Arbeitgeber werden allzu idealistische Erwartungen dämpfen: »Natürlich stehen auch bei uns unternehmerische Ziele im Vordergrund, die wir im Rahmen unserer Mission erreichen wollen.« Freunde meinen, bei Ihnen eine bisher nicht vorhandene Naivität entdeckt zu haben und Sie warnen zu müssen: »Lass dich nur nicht ausnutzen. Da geht es doch auch überall nur ums Geld.«

Bei einem Bewerbungs- oder Entwicklungsgespräch empfiehlt sich die Klarstellung, dass auch aus Ihrer Sicht die wirtschaftliche Basis stimmen muss, um höhere Ziele erreichen zu können. »Das Unternehmen muss gesund sein, um einen Einfluss ausüben zu können«, könnten Sie sagen. »Ich finde es stark, dass Sie sich so engagieren, während natürlich auch das reguläre Geschäft funktionieren muss.« Das zeigt, dass Sie verstehen, dass mehrere Ziele gleichzeitig verfolgt werden – verantwortungsbewusst und überlegt, nicht kindlich naiv.

Wird bezweifelt, dass Sie es ernst meinen und nicht aus reinem Kalkül auf ein Trendthema aufspringen, könnten Sie mit einer persönlichen Anekdote antworten. Adressieren Sie nur zuvor den angesprochenen Zweifel, indem Sie ihn zurückgeben: »Jedes Unternehmen hat ja heute Vorhaben, die über das normale Geschäftsfeld hinausgehen. Das sieht schnell nach Berechnung aus, aber hier habe ich den Eindruck, dass Sie es wirklich ernst meinen. Ich selber kam zu dem Thema, weil ich …« Schon zeigen Sie sich reflektiert und authentisch.

Werden Sie privat wegen Ihrer neuen Sinnsuche kritisiert, wird man eventuell Manipulation und Verblendung vermuten: »Wer hat dir das nur eingeredet? Da wird nur dein guter Wille ausgenutzt, ich würde das lassen.« Aus solchen Bemerkungen spricht häufig enttäuschter Idealismus. Sie glauben noch oder wieder an etwas, die anderen nicht mehr. Das ist einerseits Sorge um Ihr Wohlergehen, andererseits aber auch Selbstbestätigung. Sie könnten sich bedanken und versichern, dass Sie auch auf Ihre eigenen Interessen achtgeben werden: »Keine Sorge, ich kann unterscheiden, was praktisch möglich und was für die Zukunft wünschenswert ist.«

Dem eigenem Weg folgen

Es ist erstaunlich, wie viele mitreden wollen, wenn Sie eine berufliche Entscheidung treffen oder darüber nachdenken. Sie müssen die Arbeit erledigen und die Konsequenzen tragen, aber jeder meint, er habe Mitspracherecht. Meist ist das wirklich gut gemeint, manchmal aber auch manipulativ bis übergriffig. Nach dem Motto »Ich weiß ja wohl noch am besten, was gut für dich ist«. Sie geraten in Rechtfertigungszwang, obwohl ein Satz genügen müsste: »Danke dir, aber das entscheide ich selbst.« Stattdessen erklären Sie, was eigentlich vor allem Ihre Sache ist – selbst in einer Beziehung und in der Familie zuerst Ihre persönliche Entscheidung, wenn sie auch selbstverständlich mit anderen abgestimmt werden muss.

Gerade, wenn andere frühere Entscheidungen kritisieren, die Sie in Ihre jetzige Lage gebracht haben, ist das häufig heikel und manchmal wirklich verletzend. Als würde jetzt nicht mehr nur dieses Ereignis oder jene Wahl von damals zur Diskussion stehen – sondern Sie insgesamt als Mensch. Denn natürlich ist nicht jeder Lebenslauf – unter beruflichen Gesichtspunkten gesehen – ideal. Manche Prioritäten würde man heute anders setzen, bestimmte Entscheidungen inzwischen anders treffen oder, wenn das möglich wäre, rückwirkend korrigieren. Doch meist weiß man das selbst und braucht nicht noch den erneuten Hinweis von anderen, der sich manchmal besserwisserisch oder sogar schadenfroh anhört, wenn er vielleicht auch gar nicht so gemeint war.

Viele Menschen fühlen sich bei solchen Gesprächen persönlich angegriffen, verteidigen sich oder schlagen direkt mit Vorwürfen zurück. Das wäre meist gar nicht nötig, zeigt aber, dass sie selbst noch mit gewissen Aspekten ihrer Biografie und ihres Wesens hadern. Eigentlich sind das Themen der Persönlichkeitsanalyse und -entwicklung, bilden aber auch die Grundlage für eine wesentliche berufliche Weiterentwicklung und Neuorientierung. Nur, wer erkennt und versteht, wer er ist und warum er so geworden ist, kann sich anschließend daran machen, eine bewusste Korrektur vorzunehmen. Die Vergangenheit lässt sich damit nicht mehr ändern, aber besser einordnen und erklären. Das ist bei Bewerbungen und in Vorstellungsgesprächen vor allem notwendig, wenn Sie einen Lebenslauf haben, der nicht unbedingt glatt und schlüssig ist. Empfehlungen dafür finden Sie im folgenden Kapitel.

Motivator-Tipp: Heimlichen Schuldgefühlen auf den Grund gehen

Vorwürfe funktionieren nur, wenn sie auf ein vorhandenes Schuldgefühl treffen, wenn Sie also insgeheim denken: »Vielleicht hat der andere wirklich recht.« Achten Sie darauf, welche Unterstellung Sie immer wieder trifft, obwohl Sie wissen, dass sie falsch ist. Zum Beispiel: Sie verlangen ein übliches Gehalt, schämen sich aber dafür, weil sie weder als bedürftig noch als unverschämt erscheinen wollen. Fast immer steckt die biografisch geprägte Überzeugung dahinter, dass Sie es nicht verdient hätten, besser behandelt zu werden und mehr zu verlangen. Versuchen Sie, sich zu erinnern, was Sie zu dieser Ansicht gebracht hat, und hinterfragen Sie, ob sie wirklich wahr ist. Ein Mentor, Coach oder Therapeut kann Sie dabei unterstützen, neue, für sie nun passendere Überzeugungen zu entwickeln.

UNGEWÖHNLICHE LEBENSLÄUFE ERKLÄREN

Wer seinen Job-Motivatoren gefolgt ist, muss sich bei der Stellensuche oft rechtfertigen: Hier ein Wechsel wegen fehlender Perspektive, dort wegen der Familiengründung. So erklären Sie sich und Ihren Weg, ohne sich zu verleugnen.

Manche Vorstellungsgespräche bekommen schnell den Charakter eines elterlichen Verhörs. Die Fragen, anfangs wohlwollend, werden zunehmend misstrauischer, bald enttäuscht. Nur lauten sie nicht: »Wann bist du gestern Abend nach Hause gekommen?«, »Hast du nun endlich dein Zimmer aufgeräumt?« oder »Du rauchst doch nicht etwa heimlich?«. Sondern, mit Blick auf Ihren Lebenslauf, der anscheinend viele kaum akzeptable Verhaltensweisen enthüllt, die in fürsorglicher Strenge angesprochen werden müssen: »Wieso haben Sie denn hier gleich wieder die Stelle gewechselt?«, »Warum sind Sie dort so lange geblieben?«, »Wieso haben Sie sich in diesen Jahren nicht weiterqualifiziert?«. Die Antwort müsste oft lauten: »Entschuldigen Sie bitte, da habe ich gerade gelebt. Mir war damals leider noch nicht klar, dass man mir das später einmal vorwerfen würde.« Aber damit würden Sie nur verraten, dass Sie sich von dem Begriff *Lebenslauf* haben täuschen lassen: Ums Leben geht es darin nun wirklich nicht. Das fällt nicht in die Zuständigkeit von Arbeitgebern, auch wenn sich manche herausnehmen, überall hineinreden zu wollen.

Lebensläufe sind weniger als ein biografischer Abriss, aber auch mehr als eine Auflistung Ihrer bisherigen beruflichen Stationen – zeitlich absteigend geordnet –, sie sollen einen Werdegang erzählen, also die Geschichte Ihrer professionellen Entwicklung und Profilierung. Für viele Unternehmen sind sie inzwischen sogar das wichtigste Element einer Bewerbung, und zwar sowohl in ihrer schriftlichen Form als auch später im Vorstellungsgespräch. Daher dürfen sie heute auch deutlich länger und detaillierter sein, als Sie es zu Beginn Ihrer beruflichen Laufbahn vielleicht noch gelernt haben. Die harmlose Frage »Erzählen Sie doch zuerst ein bisschen über sich und Ihren Werdegang« ist damit keine Einladung zur Plauderei. Hier gilt es stattdessen, aus der Faktenliste eine Erzählung zu machen: wie Sie wurden, wer Sie sind.

Der deutsche Erziehungswissenschaftler und Soziologe Peter Alheit hat ausführlich untersucht, wie Menschen ihre eigene Biografie sowieso fortlaufend umdeuten, um Erfolge und Niederlagen, Glücksfälle und Schicksalsschläge so darin einbetten zu können, dass rückwirkend trotzdem alles schlüssig scheint und einen Sinn ergibt. »In der Regel haben wir ja durchaus das Gefühl, ›Organisatoren‹ unseres Lebenslaufs zu sein«, war seine Überzeugung. »Selbst wenn die Dinge anders verlaufen, als wir uns gewünscht oder vorgestellt hatten, nehmen wir Korrekturen unserer Lebensplanung gewöhnlich unter dem Eindruck persönlicher Autonomie vor.«[40]

Dieses Herangehen ist auch im Berufsleben hilfreich, denn wer sich bewirbt, stellt schnell einen Widerspruch fest: Zwar werden überall *Flexibilität* und *Mobilität* eingefordert, aber nur dann honoriert, wenn es für den aktuellen Arbeitgeber vorteilhaft ist. Auch mit der ständig beschworenen *Diversity*

---

[40] Alheit, Peter: *»Biographizität« als Schlüsselqualifikation*; in: QUEM-Report, Heft 78, Arbeitsgemeinschaft Betriebliche Weiterbildungsforschung, Berlin, 2003, http://www.abwf.de/content/main/publik/report/2003/Report-78.pdf

(Vielfalt) ist es nicht weit her, sobald es um höhere Karrierestufen geht. Insgesamt rekrutieren fast alle Unternehmen sicherheitsorientiert, damit ausgesprochen konservativ. Bewerber mit unkonventionellen, nicht ganz linearen Lebensläufen müssen feststellen, dass sie im Nachteil sind. Sie sind wechselnden Job-Motivatoren gefolgt, was oft praktische Gründe hatte. Sollen sie das nun erklären, geraten sie ins Stottern und beginnen, sich für ihre Entscheidungen zu rechtfertigen.

Jeder Wechsel hatte seine Gründe

Für jede Station und jede Veränderung in Ihrem Lebenslauf gab es berufliche oder private Gründe, auch wenn Sie im Rückblick manches anders entscheiden würden. Nur selten wechselt jemand wirklich die Stelle, weil er »eine neue Herausforderung« gesucht hat. Die Bandbreite ist viel breiter: unerwartete Angebote oder Schwierigkeiten (z. B. dass ein neuer Arbeitgeber doch nicht passte, Entlassung, Scheitern einer Selbstständigkeit), persönliche Veränderungen (z. B. Heirat, Kinder, Umzug, Auszeit wegen Erschöpfung oder Krankheit), gravierende eigene Fehler (z. B. selbst verschuldeter Konkurs, Haftstrafe). Manches lag auch außerhalb der eigenen Entscheidung (z. B. befristeter Arbeitsvertrag, Stellenabbau, ungewollte Trennung mit Hausverlust). All das kommt vor, lässt sich bei einer Bewerbung allerdings kaum kurz, nachvollziehbar und ansprechend erklären. Eventuell wollen Sie vor einem freundlich distanzierten Manager, einer jungen Teamleiterin und der HR-Assistentin, alle Ihnen noch weitgehend unbekannt, auch nicht gleich Ihr Leben ausbreiten.

Stattdessen ist es sinnvoll, wenn Sie Ihre Geschichte vereinfachen, um Aufmerksamkeit und Interesse zu erwecken und trotz mancher etwas chaotischer Episoden als schlussendlich zuverlässig und berechenbar wahrgenommen zu werden. Dafür braucht Ihr Lebenslauf eine durchgehende Erzählung. Suchen Sie deshalb – eventuell mit professioneller Hilfe – nach erkennbaren Mustern. Zum Beispiel: Sie haben zwar mehrfach den Arbeitgeber und den Ort gewechselt, sind aber einem bestimmten Aufgabenbereich oder einer Methodik treu geblieben. So haben die Wechsel weniger Gewicht, man erkennt einen übergreifenden Berufsweg.

Lebenslauf auch auf LinkedIn aktuell halten

Für Berufstätige ist ein Profil auf LinkedIn heute fast unverzichtbar, auch wenn Sie mit den Beiträgen der anderen nichts anfangen können. Nutzen Sie es als Verzeichnis Ihrer Branchenkontakte, das sich ständig selbst aktualisiert. Pflegen Sie im Gegenzug Ihr Profil: Tragen Sie alle beruflichen Stationen inklusive Tätigkeitsschwerpunkten ein, wie sie auch in Ihrem Lebenslauf stehen. So werden Sie automatisch auf passende neue Kontakte und Stellenangebote hingewiesen, können sich oft auch direkt via LinkedIn darauf bewerben.

Ein bis zwei bedeutsame Wechsel lassen sich problemlos erklären oder – wenn zum gewünschten Arbeitgeber passend – sogar als Vorteil darstellen. Ein Beispiel dazu: Sie sind »aus echter Begeisterung« in eine neue Branche gewechselt, haben dafür auch »zeitweise einige Rückschritte in Kauf genommen«. Schon erkennt man Leidenschaft, Mut und Konsequenz. Oder: Sie waren selbstständig, haben aber gemerkt, dass Sie »ein Team und gemeinsame größere Projekte vermissen«, und sich deshalb wieder anstellen lassen, auch wenn zur Wahrheit eigentlich auch gehört, dass es finanziell nicht lief. Da Unternehmen immer auf Teamfähigkeit setzen, ist solch eine Entscheidung ein automatischer Pluspunkt.

Formulieren Sie Ihren Lebenslauf – drei DIN-A4-Seiten dürfen und sollten es heute sein, wenn Sie nicht gerade Ihren allerersten Job suchen – konsequent mit dieser Ausrichtung um. Stellen Sie bei der Beschreibung aller bisherigen Tätigkeiten das verbindende Motiv in den Vordergrund. Lenken einige Stationen (z. B. Nebenjob, Wechsel nach wenigen Monaten) davon ab, können Sie sie eventuell zum »Ehrenamt« oder zu einer »Weiterbildung« umdeklarieren und in die entsprechenden Bereiche nach unten sortieren. Vermeiden Sie erkennbare Lücken im Lebenslauf, also das reine Verschweigen. Sie werden bei diesem Prozess feststellen, dass Sie bald selbst mehr Klarheit über Ihren Werdegang und Ihre Stärken erhalten.

Formulieren Sie beides anschließend für sich in zwei bis drei Sätzen, die Sie in einer ersten Variante aufschreiben. Sprechen Sie sie anschließend allein und vor dem Partner oder einem Freund, bis das immer leichter und glatter gelingt. Das wiederholte gesprochene Üben zwingt Sie zudem bald dazu, alle verwirrenden Randaspekte und umständlichen Erklärungen wegzulassen. Sie konzentrieren sich ganz auf die entscheidenden Kernaussagen zu Ihrer Person: Das bin ich und das kann ich. Diese kurze, prägnante Selbstbeschreibung (sog. »Elevator Pitch«) werden Sie auch später ständig brauchen, wenn Sie sich neuen Kollegen und Kunden vorstellen.

Mittelstand und Start-ups als Alternative

Auch wenn es ernsthafte Bemühungen gibt, offener für ungewöhnliche Bewerber zu werden, agieren viele klassische Konzerne weiterhin noch sehr bürokratisch und lassen die HR-Atbeilung nach rein formalen Kriterien (z. B. Bildungsabschluss) vorsortieren. Kleine und mittelgroße, am besten inhabergeführte Arbeitgeber können eine attraktive Alternative sein. Dort wird meist pragmatischer rekrutiert, oft weitgehend durch die Fachabteilung bzw. den Vorgesetzten. Er kennt die konkreten Aufgaben im Detail und kann abschätzen, ob Sie passen würden. Gerade an dieser Stelle zahlt sich jahrelanges, zunächst eher zielloses Netzwerken unendlich aus: Kennen Sie Ihren Gesprächspartner bereits, etwa von Branchenveranstaltungen wie Messen, können Sie das HR umgehen – und sich mit Ihrer Bewerbung direkt an den entsprechenden Abteilungs- oder Teamleiter. Er wird sie mit anderen Augen sehen, da er Sie schon kennt: Das Dokument ist dann nur noch eine formale Ergänzung, nicht der vollständige Ersatz für den ersten, entscheidenden Eindruck.

Auch Start-ups sind einen Versuch wert. Diese Neugründungen müssen naturgemäß ständig mit Unklarheiten umgehen (ob z. B. ihr Produkt funktionieren und genügend Kunden finden wird). Sie suchen deshalb bevorzugt Mitarbeiter, die bewiesen haben, dass sie ganz unterschiedliche Herausforderungen bewältigen, sich schnell und pragmatisch in unerwartete Situationen einfinden können. Hier belegt Ihr Lebenslauf, wenn Sie entsprechend argumentieren, dass Sie die Erfahrung und Kompetenz dafür haben.

Entscheidungen für mehr Stabilität

Ist Ihr bisheriger Lebenslauf sehr wechselhaft und haben Sie das als Problem erkannt, sollten Sie bewusst eine längere Phase der Stabilität anstreben, auch wenn es Sie schon bald zu den nächsten drastischen Veränderungen drängt. Achten Sie in den kommenden drei bis fünf Jahren verstärkt darauf, Ihrem erkannten Lebens- und Karrieremotiv zu folgen, auch wenn Sie vieles andere ebenso reizt. Wählen Sie Weiterbildungen und mögliche Jobs danach aus, dass sie Ihr Motiv stabilisieren und verstärken. Bauen Sie Ihre inhaltlichen oder methodischen Kompetenzen danach aus.

Entwickeln Sie Ihr Netzwerk in diese Richtung. Sorgen Sie also für Konsistenz.

Zur Bewältigung gehört auch die Reflexion, warum Sie in der Vergangenheit manches so entschieden haben, dass es Ihnen später geschadet hat. Beispielsweise sich immer zuerst nach anderen (z. B. Eltern, Chefs, Partner) gerichtet, was Ihnen später keiner wirklich gedankt hat. Nicht als Selbstvorwurf, sondern als Erkenntnis: Heute wissen Sie mehr und können stolz darauf sein, so weit gekommen zu sein – sogar noch etwas vorzuhaben. Unter diesem Aspekt kann die Arbeit an Ihrem Lebenslauf, den Sie sowieso mindestens jährlich einmal aktualisieren sollten, fast therapeutisch sein.

Gestehen Sie sich auch Enttäuschung, Frustration und die Trauer über verlorene Chancen und Jahre ein. Solche Gefühle müssen einmal offen ausgesprochen werden, um sie zu verarbeiten. Man kann nicht alles schönreden. Danach lässt sich die eigene Lage leichter annehmen, trotzdem ein Vorteil sehen: Ihr Leben verlief zwar nicht perfekt und war oft stressig, dafür interessant. Es hat Sie stärker und klüger gemacht. Sie können es nicht nur nach der Personalabteilung ausrichten.

Nicht einschüchtern lassen

Der gedankenlose, vorwurfsvolle Ton, in dem manchmal in Vorstellungsgesprächen nachgefragt wird, lässt den Verdacht aufkommen: In diesen Kreisen heiratet anscheinend niemand oder trennt sich wieder, wird nie ein Kind krank oder verkracht sich jemand mit seinem Chef. Es entscheidet sich auch keiner für den falschen Arbeitgeber oder wird über die wahre Lage im Team getäuscht und muss deshalb schon nach kurzer Zeit wieder wechseln – oder, weil anders nie eine Beförderung oder Gehaltserhöhung möglich gewesen wäre. Das ist natürlich nicht der Fall, sondern nur Theater. Sobald Sie irgendwo arbeiten, werden Sie feststellen, dass auch dort kaum jemand einen völlig glatten Lebens- und Berufsweg hat. Manchmal will man Sie auch mit provokativen Fragen testen oder hat wirklich keine eigene Erklärung. Sie müssen sich für nichts schämen, sollten sich aber auch nicht über das Unternehmen ärgern. Nutzen Sie es als Chance, sich mitsamt Ihrer Expertise vorzustellen – und selbst wenn es nicht klappt, haben Sie geübt und sind das nächste Mal wieder ein bisschen besser.

Job-Motivator: Bei der Bewerbung auf vollständige Unterlagen achten

Wer sich lange nicht mehr beworben hat, stellt häufig beim Blick auf eine interessante Stellenanzeige fest: Er kann gar nicht schnell reagieren, weil die Unterlagen unvollständig sind. Wenn Sie Ihren Lebenslauf aktualisieren, überprüfen Sie zur Sicherheit, ob Sie alle Zeugnisse, Abschlüsse, Diplome und Beurteilungen parat haben. Am besten gescannt (PDF-Format), da heute elektronische Bewerbungen üblich sind. Finden Sie etwas nicht mehr, können Sie oft noch Jahrzehnte später bei der entsprechenden Institution eine Kopie bestellen. Sind Sie lange beim selben Arbeitgeber: Erbitten Sie ca. alle fünf Jahre ein Zwischenzeugnis, auch wenn die Frage danach immer etwas unangenehm ist. »Damit ich weiß, wie ich aktuell eingeschätzt werde«, ist eine unverfängliche Begründung. So können Sie bei Bedarf auch die letzte Variante davon einer Bewerbung beifügen.

ANGESTELLT ODER SELBSTSTÄNDIG? DAS PASST ZU IHNEN

Wer weitgehend selbstbestimmt und flexibel arbeiten will, kann das als Selbstständiger besser umsetzen. Allerdings ist der Arbeitseinsatz höher, und es ist überhaupt nicht garantiert, ob sich das Risiko finanziell auszahlt.

Jeder von uns hatte schon diesen anstrengenden Kollegen, der sich ständig nur beklagt, immer geschimpft und alles besser gewusst hat: Wie der Vorstand das Unternehmen führen müsste, welche Produkte sich die Kunden wirklich wünschen, was der Chef schon wieder falsch gemacht hat. Da liegt eine Frage nahe: Warum macht er es nicht selbst – und damit endlich besser? »Aber wirklich«, wird er im Normalfall bestätigen, »das sollte ich tun! Jemand muss denen mal zeigen, wie es geht.« Doch tatsächlich ändert er – nichts: Er bleibt noch viele Jahre in der Firma, beschwert sich weiterhin und klagt darüber, dass es »heute einfach keine Profis mehr gibt«.

Selbst der Hauptverantwortliche zu werden, sich nämlich selbstständig zu machen, ist eine Möglichkeit, die eigenen Fähigkeiten auszuprobieren und verschiedenen Job-Motivatoren zu folgen, wie es als Angestellter häufig nicht gelingt. Sie können ganz nach Ihren Vorstellungen handeln, sich Ihr Team und Ihren Kundenkreis selbst zusammenstellen, zeitlich und örtlich flexibler arbeiten. Häufig hört man auch, Selbstständigkeit sei der einzige Weg, um reich zu werden. Aber dabei handelt es sich um Ausnahmen. Eine Umfrage der Deutschen Bundesbank zeigt, dass Beamte jährlich mit einem Median-Jahresbruttoeinkommen von 79 900 Euro jährlich am meisten verdienen, gefolgt von Angestellten mit 58 400 Euro. Selbstständige lagen mit jährlich 51 300 Euro brutto dahinter, Arbeitslose hatten 25 900 Euro.[41] Wer mit der eigenen Unternehmung reich werden will, muss ein herausragendes Produkt oder eine besondere Dienstleistung anbieten, braucht überragenden Geschäftssinn und zudem Glück.

Die meisten Berufstätigen entscheiden sich für den sicheren Weg, lassen sich also lieber anstellen und arbeiten für andere. Dieser Trend hat sich in den vergangenen Jahren mit ihren wirtschaftlichen, politischen und gesellschaftlichen Unsicherheiten noch verstärkt. Dabei spielte die ständig steigende Steuerlast und Bürokratie für Gründer und Unternehmer sicher auch eine Rolle. Waren 2012 noch elf Prozent der Berufstätigen in Deutschland selbstständig, sank ihr Anteil bis 2020 auf nur noch 8,4 Prozent.[42] Möglicherweise denken Sie jedoch über eine Selbstständigkeit nach, um endlich einen beruflichen Traum zu verwirklichen oder Ihre Arbeit besser mit familiären Bedürfnissen verbinden zu können. Für eine erfolgreiche Umsetzung braucht es aber – neben einer tragfähigen Geschäftsidee – verschiedene persönliche Voraussetzungen. Anhand der folgenden Kriterien können Sie entscheiden, ob Sie sich darauf einlassen könnten.

---

41 Business Insider Deutschland: *So unterschiedlich viel verdienen Beamte, Angestellte und Selbstständige in Deutschland,* 20. Juni 2023, https://www.businessinsider.de/wirtschaft/finanzen/so-unterschiedlich-viel-verdienen-beamte-angestellte-und-selbststaendige-im-schnitt/

42 Bundesministerium für Arbeit und Soziales: *Selbstständige Erwerbstätigkeit in Deutschland,* letzte verfügbare Aktualisierung: Juli 2022, https://www.bmas.de/DE/Service/Publikationen/Forschungsberichte/fb-601-selbststaendige-erwerbstaetigkeit-in-deutschland.html

Suchen Sie das Gespräch mit Gründern und Inhabern

Berufstätige, die bisher immer nur angestellt waren, haben häufig illusorische Vorstellungen von der Selbstständigkeit. Sie malen sich zum Beispiel aus, sich zuerst ganz auf die Einrichtung eines schicken Büros und den Kauf eines Firmenwagens zu konzentrieren und dass die Arbeit bald von anderen erledigt wird (»Dafür habe ich dann meine Leute«). Wenn Sie eine Selbstständigkeit erwägen, suchen Sie das Gespräch mit Gründern und Firmeninhabern (z. B. bei den entsprechenden lokalen Stammtischen). Das verhilft Ihnen zu realistischen Prioritäten, und Sie profitieren von deren Fachwissen und Erfahrung.

Sie sind bereit, Verantwortung zu übernehmen

Als Angestellter werden Sie für Ihre Arbeitszeit bezahlt. Das Gehalt kommt zuverlässig, ganz gleich, wie der Monat für das Unternehmen auch lief. Das Betriebsergebnis betrifft Sie höchstens, wenn Sie erfolgsabhängige Gehaltsanteile (z. B. Provision, Prämie, Tantieme) vereinbart haben, was aber meist nur leitende Angestellte betrifft und im Normalfall maximal zehn Prozent des Einkommens ausmacht. Arbeiten Sie dagegen selbstständig, zählen zu 100 Prozent Ihre Ergebnisse: Finden Sie genügend zahlungswillige und -fähige Kunden, erzielen Sie mit ihnen ausreichende Umsätze und Gewinne? Sie müssen sich also ganz davon lösen können, dass Ihre Absichten, Wünsche und Bemühungen zählen. Das Ergebnis entscheidet, und zwar ganz konkret, was jeden Monat auf Ihrem Geschäftskonto eingeht und nach Abzug der Kosten übrig bleibt. Diese Denkweise erfordert von Angestellten oft ein radikales Umdenken. Sie würden »total gern etwas anderes machen«, finden viele Ideen »spannend«, »interessant« oder sogar »wichtig«. Erst spät fällt ihnen auf, dass sie bei all dem immer von sich ausgegangen sind – und nicht von der Frage, ob es dafür zahlende Kunden gäbe.

Wer führt, ist für das Ergebnis zuständig, aber damit auch für die Organisation und sämtliche Abläufe. Waren Sie bisher angestellt, kommen Sie meist aus einem Unternehmen, das wegen seiner Größe arbeitsteilig organisiert war. Das bedeutet, dass jeder einzelne Mitarbeiter nur für einen – oft sehr kleinen – Teil der Gesamtaufgaben die Verantwortung hatte. Als Selbstständiger sind Sie grundsätzlich für alles verantwortlich, auch wenn Sie später einmal nicht mehr alles erledigen, sondern einige Aufgaben delegieren (z. B. Buchhaltung, Betreuung Ihrer Website). Das gibt Ihnen die Freiheit zu entscheiden, was gemacht werden soll und wie. Aber Sie können für Irrtümer, Fehler und Versäumnisse nicht mehr Ihren Arbeitgeber oder Chef verantwortlich machen.

Sie arbeiten strukturiert und gern viel

Angestellten ist auch bereits eine organisatorische Struktur vorgegeben. Dazu gehören neben den Arbeitsräumen und -mitteln die Arbeitszeiten, Konferenzen, Zuständigkeiten, Abgabefristen und vieles mehr. Über manches davon ärgert man sich, merkt aber, wie hilfreich vieles davon ist, wenn man es einmal nicht mehr hat (z. B. im Homeoffice oder bei langer Arbeitslosigkeit). Als Selbstständiger müssen Sie sich diese Struktur selbst geben, wenn Sie nicht völlig einbrechen wollen. Der Vorteil: Sie können alles so gestalten, wie es Ihnen sinnvoll erscheint, für Sie hilfreich und angenehm ist. Wenn es zu Ihrer Geschäftsidee passt, können Sie zu Ihren Wunschzeiten arbeiten oder auch vom Ausland aus. Aber Sie brauchen eine Aufgaben- und Zeitplanung, meistens auch eine detaillierte Projektplanung, damit neben den Erledigungen für Ihre Kunden auch alles weitere pünktlich erledigt wird (z. B. Marketing organisieren, Materialien besorgen, Rechnungen stellen, Steuererklärungen).

Schon anhand dieser Beispiele wird klar, dass Sie mit der 35- oder 40-Stunden-Woche eines Angestellten nicht hinkommen werden. Praktisch alle Selbstständigen setzen sich am Abend noch einmal hin, meist auch an den Wochenenden und in den Ferien. Das kann Spaß machen, wenn Sie sich für eine Geschäftsidee entscheiden, die Sie interessiert und antreibt. Schon deshalb sind Sie gut beraten, eine Tätigkeit zu wählen, aus der Sie für sich bereits einen Gewinn ziehen. Wenn Sie zum Beispiel überlegen, ein Restaurant zu eröffnen, sollten Sie ein echtes Interesse an Gastronomie, Lebensmitteln, Küche und Mitarbeiterführung haben, sich also gern ständig damit beschäftigen wollen. Ein Plan für die Selbstständigkeit, der darauf basiert, dass zukünftig andere für Sie arbeiten, während Sie *managen* und sich bald mit den Gewinnen ganz zur Ruhe setzen, ist unrealistisch.

Sie sind kreativ und entscheidungsfreudig

In Unternehmen wird zwar heute viel davon geredet, dass man Mitarbeiter ermächtigen und chancen- und lösungsorientiert arbeiten wolle. Aber realistisch ist das für den Einzelnen in großen, arbeitsteiligen Organisationen nur begrenzt möglich, damit die vielen miteinander verzahnten Arbeitsabläufe noch funktionieren. Als Selbstständiger brauchen Sie dagegen ständig kreative Ideen und Lösungen. Ein Bekannter erzählt von einem Problem? Vielleicht können Sie ihm etwas anbieten, das ihm helfen würde und Ihnen Umsatz bringt, auch wenn Sie diese Leistung bisher noch nicht anbieten. Ein bestimmtes Angebot läuft nicht? Dann überlegen Sie, was eine erfolgreichere Alternative sein könnte. Ihre Website ist veraltet? Dann denken Sie über ein neues, besseres Konzept nach, das – Sie denken zielgerichtet – mehr Kunden anzieht.

All das erfordert einerseits unternehmerische Kreativität – Sie brauchen ständig Ideen und Lösungsvorschläge –, andererseits Entscheidungsfreude, denn Sie müssen anschließend auswählen, was davon umgesetzt wird und wie. Für Angestellte entscheiden andere, und zwar praktisch alles: Was wird gemacht und wie, woran wird der Erfolg gemessen? Auch die Arbeitsumstände stehen fest, von der Büroauswahl und -einrichtung bis zur IT-Ausstattung. Sind Sie selbstständig, dürfen Sie alles selbst entscheiden, müssen das dann aber auch. Was wollen Sie anbieten, für wen, zu welchen Preisen und Zeiten? Arbeiten Sie von daheim, in einem Co-Working-Space oder in einem gemieteten Büro? Microsoft Office oder Google Workspace? Welche Kunden wollen Sie, welche nicht? Eine erfolgreiche Selbstständigkeit setzt also voraus, dass Sie gern, sicher und ohne ewiges Zögern entscheiden.

Sie erledigen, was getan werden muss

Manches kann man als Angestellter auch mal liegen lassen, dann wird es eben erst nächste Woche oder nach dem Urlaub erledigt. Im Notfall können ja immer noch die Teamkollegen einspringen, da soll der Chef sagen, was er will. Für Ihren Erfolg als Selbstständiger ist es zwingend, dass Sie immer präsent sind und das Notwendige umsetzen. Zu Beginn: Ihre Geschäftsidee ausarbeiten und durchrechnen, danach – je nach Plan – die notwendigen Räume und Gerätschaften besorgen und einrichten, Genehmigungen einholen und

Anmeldungen erledigen, Marketingtexte schreiben, Website einrichten, potenzielle Kunden ansprechen. Danach: Aufträge umsetzen, Rechnungen verschicken, darauf achten, dass Sie genug auf dem Geschäftskonto haben, die Steuern pünktlich bezahlen. Nicht nur »darüber nachdenken«, kein »Bin noch nicht ganz sicher«, sondern anpacken und erledigen.

Das erfordert, dass Sie Ihre Selbstständigkeit zu einer Priorität in Ihrem Leben machen. Jeder hat Verpflichtungen und Wünsche, muss sich auch um den Partner und die Familie kümmern, träumt vom nächsten Urlaub und denkt sich, dass diese oder jene Weiterbildung interessant sein könnte. Schon als Angestellter müssen Sie da viele Abstriche machen, können mit einer 35- bis 40-Stunden-Woche aber noch einiges angehen. Als Selbstständiger arbeiten Sie mehr – weil Sie neben der Auftragsumsetzung ja noch alles andere erledigen – und tragen die Verantwortung. Ihr Unternehmen muss deshalb zu den Top 3 Ihrer Prioritäten zählen, und alles andere muss zurückstehen, und zwar so lange, wie Sie aktiv sind.

Sie können mit ständigem Risiko leben

Jedes Lebensmodell hat seine Risiken, doch mit einem Arbeitsvertrag sind insbesondere die finanziellen stark reduziert. Jeden Monat kommt Ihr Gehalt an einem festen Tag, bereits eingeschlossen und organisiert sind auch die Zuschüsse für Ihre Versicherungen (u. a. für die Rente, gegen Krankheit, Arbeitslosigkeit, Pflegebedarf). Das ist im Normalfall sicher, und Sie werden auch nicht viel darüber nachdenken, ob Ihr Arbeitgeber im ablaufenden Monat genügend Umsatz erzielt hat, um Sie bezahlen zu können. Als Selbstständiger sind Sie für all das selbst verantwortlich, immer Unklarheiten und Unsicherheiten ausgesetzt: Läuft das Geschäft wie erhofft, zahlen alle Kunden pünktlich, geht die eigene Planung auf? Mit diesem Risiko müssen Sie leben lernen, auch wenn man es natürlich zu minimieren versucht. Das gilt auch für Ihre Geschäftsidee selbst. Die größten Konzerne der Welt haben einmal mit einer dahingeworfenen Idee begonnen, auf einem Zettel oder einer Serviette notiert. Ein einfacher Businessplan auf einer DIN-A4-Seite genügt auch für Ihren Start oft schon, ehe Sie die Details verfeinern: Was wollen Sie anbieten? Das ist Ihr Produkt. Beschreiben Sie Ihre Formate, Ihre Leistungen und Preise so genau wie möglich. Ob das jemand kaufen wird, wissen Sie nicht, tun aber Ihr Bestes. Und in sechs Monaten oder fünf Jahren wissen Sie ebenso nicht, wie die allgemeine Lage sein wird und ob man Ihr Angebot weiterhin nachfragt. Das ist alles Ihr Risiko. Dem steht die Chance entgegen, dass Sie erfolgreich, vielleicht sogar vermögend werden.

Die persönliche Lebenssituation spielt eine entscheidende Rolle bei der Einschätzung, wie viel Sie wagen können, und muss deshalb nicht nur einbezogen, sondern entsprechend gestaltet werden. Wer allein lebt, ist nur für sich verantwortlich und kann mehr riskieren. Ebenso alle, die durch ihre Eltern oder eine Erbschaft bereits einen Grundstock haben. Wer dagegen alles selbst bezahlen muss, in einer Beziehung lebt oder sogar schon Kinder hat, spricht sich besser ab: Hat der andere ein sicheres Einkommen, um das Risiko zu reduzieren? Würde er die Selbstständigkeit unterstützen? Wäre er auch einverstanden, dass die Selbstständigkeit zu einem zentralen Element des gemeinsamen Lebens wird, man ständig darüber sprechen und nachdenken wird?

Nur verliebt in die Vorstellung

Die meisten Angestellten schreckt all das, wenn sie genauer darüber nachdenken, ab. Sie spielen zwar mit dem Gedanken der Selbstständigkeit, könnten sich vorstellen, »mal etwas ganz anderes zu machen«. Finden die Vorstellung aufregend, wie es wäre, ihr eigener Chef zu sein. Schauen sich, sehnsüchtig und ein wenig neidisch, die *Influencer* auf Facebook, Instagram oder TikTok an, die ihnen eine Märchenwelt – Penthouse in Dubai, Ferrari mit Mitte 20 – vorführen. Aber am Ende ist es ihnen zu mühsam, zu riskant und unsicher.

Ein klares Zeichen dafür ist, wenn ein Angestellter faktisch keinen der praktischen Schritte unternimmt, wie sie oben beschrieben wurden. Stattdessen alle denkbaren (und auch wirklich realen) Probleme auflistet: »kein Geld«, »keine Kontakte«, »gibt's ja alles schon«, »geht wahrscheinlich schief«. Das ist keineswegs verwerflich, sondern ein wichtiger Hinweis: Ihm gefällt die Idee, aber nicht die Realität dahinter. Für diese Angestellten, und das ist die große Mehrheit, ist das Angestelltenverhältnis die sinnvollere, bessere Option.

Motivator-Tipp: Selbstständigkeit schrittweise im Nebenberuf ausprobieren

Nur die wenigsten Angestellten werden je eine hauptberufliche Selbstständigkeit wagen. Eine Mischform ist dagegen für viele attraktiv: Weiter angestellt bleiben, aber nur noch in Teilzeit, was der Arbeitgeber nach sechs Monaten Vertragsdauer im Normalfall nicht verweigern kann (Teilzeit- und Befristungsgesetz). Das sichert ein Grundeinkommen und schafft gleichzeitig den zeitlichen und gedanklichen Freiraum, um ohne größeres Risiko eine nebenberufliche Selbstständigkeit aufzubauen. Ein erstes Ziel kann dabei sein, den Einkommensverlust durch die Reduzierung der Arbeitszeit durch ein Nebenprojekt wieder auszugleichen. Hat das funktioniert, kann der nächste Schritt sein, die Arbeitszeit als Angestellter weiter zu reduzieren und etwas mehr Selbstständigkeit zu riskieren.

SO FINDEN SIE DEN RICHTIGEN WEG FÜR SICH

Das eigene Jobprofil klären, eine Vision für Ihre berufliche Zukunft entwickeln, einen Wochenplan mit passenden Aktivitäten führen: Wie Sie das Gelernte praktisch in Ihren Alltag integrieren, damit sich wirklich etwas ändert.

Zwischen Erklärungen, was *sinnvoll wäre*, und den eigenen Entscheidungen, die zeigen, was man selbst *sinnvoll findet*, liegen oft Welten. Das gilt für jeden Lebensbereich, wenn Sie einmal darauf achten. So wird beispielsweise seit Jahrzehnten vegetarische oder vegane Ernährung empfohlen, die viele für den Klima- und Tierschutz sowie für die eigene Gesundheit für sinnvoll halten. Trotz pausenloser positiver Berichterstattung und eines flächendeckenden Angebotes dazu sind in Deutschland allerdings bis heute nur neun Prozent Vegetarier und drei Prozent Veganer,[43] Tendenz sogar wieder rückläufig. Ebenso ist es beim Kauf eines Elektroautos, den viele für den Klimaschutz für sinnvoll halten. Aber trotz enormer medialer Unterstützung und großzügiger staatlicher Förderung liegt ihr Anteil am Bestand der Pkw bei unter drei Prozent,[44]

---

43 Tagesschau: *Gut ein Zehntel isst vegetarisch oder vegan*, 19. September 2023, https://www.tagesschau.de/wirtschaft/verbraucher/ernaehrung-vegetarisch-vegan-100.html

44 ADAC: *Pkw-Neuzulassungen April 2024: E-Autos kommen nicht in Fahrt*, 6. Mai 2024, https://www.adac.de/news/neuzulassungen-kba/#pkw-bestand-2024-benziner-weit-vorn

während die Zahl der Kreuzfahrtpassagiere 2023 einen neuen Rekord erreichte.[45] Die Leute sagen, was die anderen wahrscheinlich gern hören, denn niemand will sich schließlich absichtlich unbeliebt machen und kritisieren lassen – handeln aber anschließend so, wie sie es selbst für richtig halten.

Das ist bei der Sinnfrage im Berufsleben nicht anders. Viele philosophische Gedanken kann man sich über den Sinn der Arbeit machen, dazu in akademische Grundsatzdiskussionen einsteigen, wie die Gesellschaft und ihr Wirtschaftssystem sein müssten, wenn sie nicht so wären, wie sie sind. »Geld allein ist es nicht«, meint beispielsweise der deutsche Philosoph und Kolumnist Michael Andrick, geboren 1980 und Autor des Buches *Erfolgsleere*.[46] »Der Sinn der Arbeit in unserem Leben ergibt sich aus den Wertvorstellungen, nach denen wir unser Leben führen wollen«, schreibt er. »Sie zeigen unseren Maßstab des Erfolgs, und in dessen Licht werden wir dann die für uns richtige, sinnvolle Arbeit suchen.«[47]

Das ist richtig, bringt Sie nur praktisch nicht viel weiter. Wenn Sie etwas in Ihrem Leben ändern wollen, und zwar konkret und zeitnah, kommen Sie nicht darum herum, vom philosophischen, allgemeinen »Wir müssten« zum entschlossenen, persönlichen »Ich werde« zu wechseln, sich also zum Handeln zu entschließen. In diesem Buch haben Sie bereits viele Empfehlungen dazu gefunden. Dieses Kapitel zum Abschluss soll Sie bei den nächsten Schritten unterstützen.

---

45 Deutscher Reiseverband: *Sommer-Reisetrends 2024: Türkei auf Spitzenplatz – Fernreisen zurück auf Kurs, Kreuzfahrten besonders nachgefragt*, 5. März 2024, https://www.drv.de/anzeigen/txnews/sommer-reisetrends-2024-tuerkei-auf-spitzenplatz-fernreisen-zurueck-auf-kurs-kreuzfahrten-besonder.html

46 Andrick, Michael: *Erfolgsleere – Philosophie für die Arbeitswelt*. Herder Verlag, Freiburg im Breisgau, 2022

47 Haufe New Management: *Irgendwas muss man ja machen? Anmerkungen zum Sinn der Arbeit*, 10. Februar 2020, https://newmanagement.haufe.de/skills/purpose

Klarheit darüber, wo Sie stehen und wo Sie hinwollen

Jede Veränderung beginnt mit einer Bestandsaufnahme, also einer Klärung, wo Sie gerade stehen. Nur dann kennen Sie Ihren derzeitigen Standpunkt genau und wissen, in welche Richtung Sie weitergehen müssen, um Ihr Ziel zu erreichen. Das gilt auch bei beruflichen Veränderungen: Sie brauchen zuerst Klarheit über Ihre aktuelle Lage. Diese erste kleine Übung hilft Ihnen dabei. **Schreiben Sie eine Liste mit drei Spalten: Was Ihnen an Ihrem aktuellen Job noch gefällt (z. B. die Aufgaben und die Teamkollegen), was Sie stört (z. B. das zu niedrige Gehalt und dass Sie nie Zeit für Sport haben) und was Ihnen fehlt (z. B. eine Aufstiegschance).** Ordnen Sie auch die einzelnen Aspekte Ihrer Tätigkeit in diese drei Spalten ein.

Zum Beispiel: Sie arbeiten im Verkauf. Ihnen macht der direkte Kontakt mit den Kunden viel Freude und Sie verhandeln gern. Dagegen nervt Sie der Papierkram und Sie möchten mehr auf Außentermine fahren, weil Sie gern unterwegs sind. Das alles deutet darauf hin, dass Ihre nächste Stelle mehr Kundenkontakte im Außendienst umfassen sollte, während man Sie bei der Organisation entlasten sollte. Key-Account-Manager zu werden, wäre dafür ein passendes Ziel. Entscheidend ist nicht, welche Spalte am Ende die meisten Einträge hat und was das bedeuten könnte. Die Liste soll Sie nur dabei unterstützen, Ihre Gedanken zu ordnen und Prioritäten festzulegen. Darum geht es im nächsten Schritt.

Entscheiden Sie, was Sie für sich sinnvoll finden

Dieses Buch hat die unterschiedlichen Gründe – die acht Job-Motivatoren von Geld bis Lebenssinn – für Berufstätigkeit besprochen. Überlegen Sie nun: **Was soll für Ihre nächste berufliche Phase, ungefähr die kommenden drei bis fünf Jahre,**

bedeutsam sein? Wählen Sie höchstens zwei bis drei Job-Motivatoren aus, die für Sie zukünftig vorrangig sein sollen, und ordnen Sie sie nach Wichtigkeit für Sie. Das heißt nicht, dass die anderen unbeachtet bleiben. Aber da sie für Sie derzeit nachrangig sind, können Sie dort am ehesten Kompromisse machen, wenn es notwendig ist. Auch hierzu ein Beispiel: Sie haben sich dafür entschieden, dass ein höheres Einkommen (Job-Motivator Geld) und mehr Zeit mit den Kindern (Job-Motivator Familie) jetzt für Sie am wichtigsten sein sollen. Also bewerben Sie sich verstärkt, aber ausschließlich auf besser bezahlte Jobs, was bei größeren Unternehmen und höher angesiedelten Stellen wahrscheinlicher ist. Sie achten zudem auf Homeoffice-Möglichkeiten, wenige Dienstreisen und geregelte Arbeitszeiten. Dafür nehmen Sie eventuell einen Wechsel in einen Bereich hin, der Sie nicht brennend interessiert, sondern den Sie eher professionell angehen würden, bei Bedarf auch einen Umzug, vielleicht sogar aufs Land, weil Sie alle von einem Haus träumen.

* * *

Wie angesprochen, wird auch in beruflichen Fragen trotz aller hochfliegenden Erklärungen und wohlklingenden Worte am Ende so entschieden, wie es für einen selbst und noch den engsten familiären Kreis vorteilhaft scheint. Was Sie anderen erzählen, ist natürlich Ihnen überlassen. Sich selbst gegenüber sollten Sie aber ehrlich sein, um Ihre Zeit und andere Ressourcen möglichst effektiv zu nutzen. Finden Sie es beispielsweise trotz interessanter beruflicher Chancen im Unternehmen jetzt am sinnvollsten, vorrangig für Ihre Kinder da zu sein (Job-Motivator Familie), müssen Sie sich dafür weder genieren noch rechtfertigen. Ihnen muss nur klar sein, dass der Preis dafür wahrscheinlich ist, dafür bei den anderen Job-Motivatoren (z. B. Geld, Karriere) gewisse Abstriche machen zu müssen. Ist Ihnen dagegen ein hierarchischer Aufstieg (Job-Motivator Karriere) jetzt am wichtigsten, müssen Sie dafür möglicherweise den Arbeitgeber und sogar den Wohnort wechseln, also dafür die entsprechenden anderen Job-Motivatoren (z. B. Familie, Team, eventuell sogar Geld und Spaß) zurückstellen. Mit dieser Flexibilität schützen Sie sich vor der Falle, jahrelang auf ein Angebot zu warten, das ausschließlich Vorteile hat. Ideal wäre das natürlich, nur ist solch eine Erwartungshaltung unrealistisch und frustriert Sie auf Dauer. Kennen Sie dagegen Ihre Prioritäten, freuen Sie sich, ihnen folgen zu können, anstatt sich vor allem darüber zu ärgern, dass sie immer auch etwas kosten. Mit dieser Klarheit und bewussten Konsequenz leben Sie zufriedener und sind gelassener. **Notieren Sie sich bei Interesse in ein, zwei zusätzlichen Sätzen, was Ihre genauen Ziele in Bezug auf Ihre gewählten Prioritäten sind.** Dann sind sie nicht mehr nur eine Überlegung, sondern ein Beschluss.

Selbstbestimmt entscheiden und vorangehen

Die meisten von uns sind nicht allein auf der Welt, sondern müssen und wollen Rücksicht auf andere nehmen. Das darf jedoch nicht so weit gehen, dass Sie die grundlegenden Entscheidungen über Ihre Zukunft ganz von ihnen abhängig machen (»Ich würde ja gerne, aber meine Frau …«, »Wenn die Kinder aus dem Haus sind …«, »Vielleicht, wenn meine Eltern einmal nicht mehr sind …«). Setzen Sie sich zuerst Ihr Ziel und schauen Sie danach, welche Kompromisse es eventuell braucht – und was Sie konsequent durchziehen müssen, weil es langfristig für alle besser ist, auch wenn Sie zunächst vorangehen müssen.

Vision Board für einen Blick in Ihre Zukunft

Es ist viel leichter, sich die persönliche Zukunftsvision im Detail auszumalen, wenn Sie sie schon ein wenig vor sich sehen. Das erleichtert Ihnen das weitere Planen und motiviert Sie dazu, die Hürden der praktischen Umsetzung zu überwinden. **Ein *Vision Board* hilft Ihnen dabei – das ist eine Collage aus den Elementen, die in Ihrem weiteren Leben einen Platz behalten bzw. bekommen sollen.** Sie brauchen dafür keine Stunde. So geht's: Öffnen Sie ein leeres Textdokument oder eine leere Präsentation mit einem der üblichen Büroprogramme, die Sie sowieso nutzen (Microsoft 365, Open Office, Google Docs, iWork).

Suchen Sie anschließend im Internet nach Fotos von Dingen, die Teil Ihres zukünftigen beruflichen und privaten Lebens sein sollen. Das können bestimmte Landschaften oder Gebäude sein, Menschen, Tiere und Pflanzen, Dekorationsgegenstände oder anderes. Laden Sie die Fotos, die Teile Ihrer Vorlieben und Wünsche symbolisieren, herunter und ordnen Sie sie in Ihrem Dokument an, wie es Ihnen gefällt. Was besonders wichtig ist, groß und zentral, was weniger bedeutsam ist, klein und eher am Rand oder in einer Ecke. Da es hier besonders um Ihre berufliche Zukunft geht: Welche Bilder symbolisieren, was, wo und wie Sie zukünftig arbeiten wollen? Das können Ansichten von Arbeitsräumen sein (Büro, Werkstatt, Praxis, Atelier), bestimmte dazugehörige Werkzeuge und Materialien.

Sind Sie mit Ihrer Auswahl zufrieden, werfen Sie einen Blick auf das Gesamtmotiv: Was verrät es Ihnen über Ihre Zukunftsvision, ergeben sich daraus eventuell bereits sinnvolle nächste Schritte, um ihr näherzukommen? Beispiel: Sie sehen sich später einmal in einem Haus am Meer, von dem aus Sie arbeiten. Das könnte Sie zu der Recherche anregen, was solch ein Haus in einer möglichen Wunschregion ungefähr zur Miete und zum Kauf kosten würde. Auch wenn Sie das Geld jetzt noch nicht haben, wissen Sie nun, ob das zu Ihrer bisherigen Idee passt, wie Sie Ihr Einkommen verdienen wollen oder wo eventuell etwas angepasst werden müsste, damit es funktionieren kann. Drucken Sie Ihr *Vision Board* anschließend aus, am besten farbig, und hängen Sie es gut sichtbar für sich auf. Alternativ: Erzeugen Sie ein Foto davon (als Foto exportieren oder Screenshot machen), machen Sie dieses zu Ihrem Bildschirmhintergrund auf Ihrem Computer oder Handy. So erinnert es Sie bei jeder alltäglichen Erledigung und Entscheidung daran, was Ihr langfristiges Ziel ist. Ist Ihnen all das zu mühsam, können Sie Ihre Vision auch in Stichpunkten aufschreiben.

Grober Zeitplan für die Umsetzung

Da im beruflichen und privaten Alltag ständig »etwas dazwischenkommt«, brauchen Sie zumindest einen groben Plan, um Ihr Ziel zu erreichen. Möglicherweise wissen Sie noch gar nicht genau, wo Sie hinwollen, aber das ist normal. Es genügt, wenn Ihnen Ihre ungefähre Richtung klar ist. Das ist der Job-Motivator, den Sie für sich als Priorität ausgewählt haben. Mit dieser Festlegung treffen Sie fortlaufend mehr Entscheidungen, die Sie dahin führen, und Ihr konkretes, erreichbares Ziel wird dabei für Sie zunehmend erkennbarer. Ein Beispiel hierzu: Sie haben bisher eine Bürotätigkeit, wollen aber mehr im Sozialen (Job-Motivator Lebenssinn) arbeiten. Sie wissen nur noch nicht, was genau, und haben bisher auch gar keine entsprechende Ausbildung. Aber da Ihnen nun die Richtung klar ist, probieren Sie vielleicht verschiedene Ehrenämter im sozialen Bereich aus, um ein besseres Gefühl dafür zu bekommen, was für Sie passen könnte. Außerdem vereinbaren Sie Termine mit Anbietern von Aus- und Weiterbildungen, um sich über Anforderungen, Zeitbedarf und Kosten sowie mögliche Unterstützung zu informieren. Schon träumen Sie nicht mehr nur unbestimmt von einem neuen Leben, sondern bereiten die Grundlagen dafür vor, dass Ihr Traum wahr wird.

Insbesondere, wenn andere – Partner, Kinder, eventuell weitere Verwandte – beteiligt sind, ist vieles gleichzeitig zu bedenken. **Um nicht die Übersicht zu verlieren, empfiehlt es sich, einen groben Zeitplan für die Umsetzung zu führen, am besten für die nächsten drei bis fünf Jahre: Absehbare Ereignisse sowie Zeitpunkte, an denen Sie etwas entscheiden müssten.** Zum Beispiel: Eines Ihrer Kinder wird im übernächsten Sommer die Schule wechseln; das wäre damit ein guter Zeitpunkt, einen eventuell notwendigen Umzug für einen neuen Job durchzuziehen. Sie haben ein mögliches Jobangebot, aber sechs Monate Kündigungsfrist zum Quartalsende. Notieren Sie dann den Tag, bis zu dem Sie eine Kündigung einreichen müssten, um ihn nicht zu verpassen. Einzeln für sich kann man sich das alles gut merken, aber in der Summe ist der systematische Überblick besser. Es reicht, sich die kommenden Termine in einem Textdokument aufzuschreiben und fortlaufend zu aktualisieren. Wer grafisches Talent und Interesse hat, kann auch einen Zeitstrahl anlegen.

Keine hastigen Entscheidungen, wenn Sie genug haben

In einem früheren Kapitel haben wir bereits die Frage behandelt, wie lange man in einer Position bleiben sollte, auch wenn man damit nicht mehr glücklich ist. Manche Berufstätige erwägen in dieser Lage sogar die sofortige Kündigung, ohne etwas Neues zu haben: »Ich halte das nicht mehr aus, ich will hier nur noch weg!« Eine Kündigung ist allerdings eine weitreichende Entscheidung, die meist die ganze Familie betrifft, etwa durch den Verlust eines Einkommens oder einen später nötigen Umzug, falls Sie am Wohnort keine neue Stelle finden. Sie sollten sie deshalb nicht in einem Zustand großer Verärgerung oder Erschöpfung treffen. Überlegen Sie stattdessen, wie viel Kraft Sie noch haben: Halten Sie noch eine Woche durch, bis zum Monats- oder Quartalsende? Schon wenige Monate mehr helfen. Sie können diese Zeit zum gründlicheren Nachdenken und Planen nutzen, Kontakte auffrischen und erweitern. Das ist viel günstiger, als das aus einer Notlage (»Ich brauche dringend einen Job!«) heraus zu tun. Mögliche berufliche Alternativen können Sie, solange Sie noch anderswo angestellt sind, kritischer prüfen und selbstbewusster verhandeln, zudem Ihre Ersparnisse noch etwas auffüllen oder eventuelle Schulden verringern.

Selbst der problematischste Job bietet noch viele Chancen, die Sie nutzen sollten, solange es geht. Ihre Visitenkarte kann Ihnen jetzt noch Kontakte und Zugänge verschaffen, die Sie später nicht mehr so einfach bekommen. Verabreden Sie sich deshalb, treffen Sie alte und neue Geschäftskontakte (ohne sofort von Ihrer geplanten Kündigung zu erzählen). Werden Sie sichtbar, etwa bei anderen Unternehmen der Branche, bei denen Sie bisher kaum jemanden kennen. **Versuchen Sie jedoch gleichzeitig, Ihre Belastung zu senken: Sie brauchen jetzt Zeit und Kraft, um langfristige Entscheidungen klug zu treffen, aber auch für all die praktischen Schritte.** Reduzieren Sie, wenn möglich, die Zahl der Überstunden und Dienstreisen. Geben Sie Projekte ab oder investieren Sie nur noch so viel Zeit wie wirklich nötig. Auch privat sollten Sie herunterfahren: Bleiben Sie zu Hause, sagen Sie die teure, anstrengende Urlaubsreise ab, schlafen Sie sich aus, verzichten Sie auf Extremsport. Sie sind dabei, ein Kapitel Ihres beruflichen und persönlichen Lebens abzuschließen und das nächste aufzuschlagen. Das macht niemand ganz nebenbei; widmen Sie dieser Veränderung also Zeit und Aufmerksamkeit.

Neuer Wochenplan nach Ihren Prioritäten

Der amerikanische Autor James Clear hat mit seinem weltweiten Bestseller *Atomic Habits* (auf Deutsch: *Die 1%-Methode*[48]) eine altbekannte Einsicht wieder einmal in Erinnerung gerufen: Selbst die größten Veränderungen geschehen meist in winzigen, dafür immer wiederholten Einzelschritten. Wer sportlicher werden will, muss nicht einmal einen vollen Tag zum Intensivprogramm ins Sportstudio, sondern über Wochen und Monate, dafür aber nur zwei- bis dreimal wöchentlich. Wer eine Fremdsprache lernen will, schafft das nicht durch einen 2-Wochen-Kurs, so gut der auch sein mag, sondern durch tägliches Lernen, vielleicht jeweils nur eine Viertelstunde. Ähnlich ist es bei der Neuausrichtung Ihres persönlichen und beruflichen Lebens: Die Summe aus kleinen Alltagsentscheidungen bringt Sie dahin.

Damit Sie das – bei all den anderen Verpflichtungen, Wünschen und Ablenkungen – nicht ständig wieder verschieben oder vergessen, sollten Sie einen allgemeinen Wochenplan führen. Er ersetzt nicht Ihren Terminkalender, sondern gibt ihm umgekehrt einen Rahmen vor: Wann nehmen Sie Termine an und welche, wo sagen Sie stattdessen zukünftig ab oder halten es möglichst kurz? Sie können nach Bedarf immer ein wenig flexibel sein, sollten sich aber insgesamt an Ihren Wochenplan halten und Vorhaben, die Sie ausnahmsweise einmal verschieben mussten, innerhalb der Woche nachholen. Das erzieht Sie zu Disziplin und ermutigt Sie dazu, häufiger als bisher Nein zu sagen: Sie haben für vieles wirklich keine Zeit mehr. Das Zusammenlegen ähnlicher Aufgaben erhöht Ihre Effizienz, Sie müssen nicht ständig umdenken und sind auch eher motiviert, andere Ablenkungen

---

[48] Clear, James: *Die 1%-Methode – Minimale Veränderung, maximale Wirkung: Mit kleinen Gewohnheiten jedes Ziel erreichen.* Goldmann Verlag. München, 2020

zu beseitigen. Denn Ihnen wird mit dieser Organisationshilfe auf einen Blick klar, wie begrenzt Ihre Zeit ist und wie umfangreich Ihre Wünsche sind, wie wenig Sie deswegen für etwas verschwenden können, das Ihnen gar nichts bringt.

Für Ihren **Wochenplan** legen Sie eine Tabelle mit acht Spalten an, am besten mit einem der üblichen Tabellenprogramme wie Excel oder Google Tabellen. So können Sie sie leichter aktualisieren, als wenn Sie sie auf Papier führen. In die erste Spalte der Tabelle kommen die Uhrzeiten vom Aufwachen bis zum Einschlafen in Schritten von je 15 Minuten. In die weiteren Spalten kommen die Wochentage, Montag bis Sonntag. Damit haben Sie Ihre gesamte verfügbare Zeit innerhalb einer Woche auf einer DIN-A4-Seite quer vor sich.

Vergeben Sie nun Zeitblöcke für das, was Sie in einer durchschnittlichen Woche erledigen wollen, und wann. Gesetzt sind sicher die Zeiten Ihrer Berufstätigkeit, beispielsweise acht Stunden an allen Werktagen zuzüglich Arbeitsweg. Gliedern Sie das ein wenig weiter auf: Wann erledigen Sie das operative Tagesgeschäft, wann arbeiten Sie eventuell an der Strategie und führen Mitarbeitergespräche, wann sind wiederkehrende Konferenzen, wann kümmern Sie sich um Organisatorisches wie Abrechnungen? Ergänzen Sie dann private Verpflichtungen und Wünsche, von der Kinderbetreuung über den gemeinsamen Abend mit dem Partner bis zum Sportkurs. Was in den gleichen Bereich gehört, können Sie jeweils in einer Farbe markieren, dann wird es noch übersichtlicher (z. B. Arbeit: rot, Familie: gelb).

Interessant wird es nun, wenn Sie an Ihre Ziele – wichtigster Job-Motivator und Vision Board – denken: Wann machen Sie etwas dafür? Sie werden schon jetzt festgestellt haben, dass Sie »eigentlich keine Zeit« haben. Sie müssen sie also schaffen bzw. dafür freiräumen. Dafür gilt es nun, auf die Methode zu vertrauen, dass kleine Schritte der einzige Weg sind, große Ziele zu erreichen. Planen Sie also zwei, drei kleine Zeitfenster ein, die jeweils nur 15, 30 oder 60 Minuten lang sind. Einige vielleicht in Ihrer Arbeitszeit, andere in Ihrer Freizeit. Sie sind dafür da, sich um Ihren wichtigsten Job-Motivator zu kümmern. Häufig bieten sich gewisse Tage und Zeiten dafür an, zum Beispiel Freitagnachmittag, wenn es bei der Arbeit ruhiger als sonst ist, oder Sonntagabend, wenn Sie sonst vor dem Fernseher sitzen. Jetzt haben Sie eventuell Wichtigeres zu tun, sich nämlich um Ihre Zukunft zu kümmern. Da können auch Facebok und TikTok mal warten.

Je fokussierter Sie vorgehen, desto besser. Ist etwa der Job-Motivator Geld Ihre Priorität, widmen Sie sich in den gewählten Zeitfenstern ganz der Frage »Wie kann ich mein Einkommen steigern?«. Sie könnten einmal recherchieren, welche Branche und Unternehmen am meisten zahlen, beim nächsten Mal die ersten Bewerbungen schreiben, bei der dritten Gelegenheit eine Geschäftsidee ausarbeiten, mit der Sie nebenbei etwas verdienen und eine mögliche Selbstständigkeit als Alternative vorbereiten könnten. Haben Sie die Zeitfenster fest dafür reserviert, werden Sie bald zur Kreativität gezwungen: Was könnte ich jetzt tun, was mich weiter voranbringt?

Persönliche Unterstützer, die Sie begleiten

Viele der bisherigen Empfehlungen sind organisatorisch. Mancher wird sie sofort als hilfreich annehmen oder arbeitet bereits so, für andere erfordern sie eine Umgewöhnung, die ihnen anfangs nicht leichtfällt. In jedem Fall sollten Sie die berufliche Neuorientierung nach Ihrem wichtigsten Job-Motivator und *Vision Board* nicht allein angehen. Suchen Sie sich stattdessen ein oder zwei Unterstützer: Menschen, die Ihr Ziel bereits erreicht haben und verstehen. Das können Verwandte oder Freunde sein, Branchenkollegen, ein Mentor, Berater oder Coach. Entscheidend ist, dass Sie Ihr Ziel verstehen und unterstützen sowie fachlich kompetent sind. Ein Beispiel hierzu: Wenn Ihnen der Job-Motivator Lebenssinn besonders wichtig geworden ist und Sie zukünftig ein bestimmtes gesellschaftspolitisches Anliegen in Ihr Berufsleben integrieren wollen, verschwenden Sie keine Zeit mit jemandem, der das »komisch« oder »sinnlos« findet. Das ist wahrscheinlich nicht einmal böse gemeint, bringt Sie nur nicht weiter und bedeutet für beide verlorene Zeit. Es hilft Ihnen auch nicht, wenn jemand Sie zwar unterstützen möchte, aber keinerlei Erfahrung in diesem Bereich hat. **Hilfreich wäre stattdessen jemand, der mindestens ehrenamtlich, besser hauptberuflich in diesem Gebiet tätig war und Sie damit fachkundig beraten und unterstützen kann. Ein bis zwei Treffen im Monat wären ideal, für die Sie eines Ihrer Zeitfenster im Wochenplan bereits vorgesehen haben.** Sie können sich austauschen, Fragen stellen, sich nach Enttäuschungen ein wenig trösten lassen und neu motiviert an die nächsten Schritte zu Ihrem Ziel gehen. Manchmal erschöpfen sich solche informellen Mentoren-Beziehungen schnell, wenn Sie das Notwendige gelernt haben. Zögern Sie dann nicht, sich einen neuen, nun anspruchsvolleren Unterstützer für die nächste Etappe zu suchen. Jeder Wegabschnitt braucht seine eigenen Begleiter.

Vertrauen, dass es möglich ist

»Das bringt doch alles nichts«, sagen die Skeptiker und bestätigen sich selbst, weil sie nach einigen halbherzigen Versuchen wieder aufgeben, um etwas anderes zu probieren, das aber auch nicht sofort so funktioniert. Wer seinen beruflichen Weg verändern will, braucht ein Ziel, Ausdauer und Geduld. »Das kann aber funktionieren, darum gehe ich das jetzt an«, sagen die Zuversichtlichen. Sie sehen die Herausforderungen, versuchen aber das Mögliche und stellen dabei fest, dass langfristig mehr geht, als sie anfangs erwartet hatten. Einige Branchenkollegen helfen plötzlich, ohne dass man sie ausdrücklich gebeten hat, neue Türen öffnen sich, die eigene Professionalität und Offenheit wird mit überraschenden Ideen und unerwarteten Erfolgen belohnt. Einige Jahre später werden Sie fast ungläubig zurückblicken: Sie sind viel weiter gekommen, als Sie je gedacht hätten, und vieles, was seinerzeit chaotisch, zufällig oder bestenfalls wie Glück erschien, gibt in der Rückschau plötzlich Sinn.

Motivator-Tipp: Den Blick zuversichtlich auf die eigene Zukunft richten

Eine wesentliche berufliche Veränderung – ein Aufstieg, gar der Wechsel der Branche oder des Berufes – ist immer anspruchsvoll, auch wenn es bei anderen oft leicht aussieht. Erwarten Sie daher gar nichts anderes und betonen Sie das deshalb nicht immer wieder: »So einfach ist das aber nicht«, »Das kann auch schiefgehen«, »Ob das was bringt, weiß man auch nicht«. Damit lenken Sie Ihren Blick nur ständig zurück, anstatt sich auf Ihre Zukunft zu konzentrieren. Das heißt nicht, vorhandene Risiken auszublenden oder auf Selbstsuggestion zu setzen. Sondern die erkannten Herausforderungen anzugehen, Lösungen dafür zu entwickeln und umzusetzen. So können Sie sich sagen: »Das wird nicht einfach, aber ich kann es schaffen«, »Das kann auch schiefgehen, deshalb treffe ich Vorkehrungen«, »Ob es etwas bringt, werde ich sehen; deshalb gehe ich das jetzt an«.

ARBEITEN, WIE ES FÜR SIE SINNVOLL IST

Jeder Job hat seinen Sinn, und was für Sie sinnvoll ist, ergibt sich aus den ganz praktischen Vorteilen daraus. Für Sie persönlich, für die Menschen in Ihrem Leben und sogar für einen weiteren Kreis, wie groß Sie ihn auch ziehen wollen. Schon allein dadurch, dass Sie Ihre Arbeit zuverlässig und gut erledigen, machen Sie die Welt besser, ohne dass es dafür einen offiziell erklärten *Purpose* bräuchte. Sie tun schon damit genug für Ihren Arbeitgeber, für Ihre Kunden und die Gesellschaft. Das übrigens sehr konkret, indem Sie für ihr Funktionieren sorgen, Steuern zahlen, andere damit unterstützen.

Zuerst einmal selbst Geld für sich und Ihre Familie verdienen zu wollen, ist kein Widerspruch dazu, kein Gegensatz zu anderen, vermeintlich höheren Zielen, sondern die Voraussetzung. Sie brauchen eine materielle Existenzgrundlage, ebenso jede Unternehmung, sei sie gemeinnützig oder kommerziell. Das zu erreichen und langfristig zu halten, ist bereits verdienstvoll genug. Viel Geld macht allein nicht glücklich, aber ausreichend davon erlaubt ein Leben mit weniger Sorgen und Problemen. Nur wer langfristig für sich genug erwirtschaftet, kann anderen abgeben und helfen.

Die acht Job-Motivatoren, die Sie kennengelernt und für sich erkundet haben, machen insgesamt ein reiches, erfüllendes Berufsleben aus. Jeder hat seine Verpflichtungen und Zwänge, aber auch seine Vorlieben, denen er nachkommen will und kann. »Warum arbeite ich überhaupt?« ist eine Frage, die man sich gelegentlich ironisch stellt, aber zu selten ernsthaft. Mit Ihrer persönlichen Antwort darauf, unabhängig von den Einflüsterungen oder Forderungen anderer, zeigen Sie der Welt, was Sie können und für alle beitragen.

Ihr Leben – beruflich wie insgesamt – ist sinnvoll, wenn Sie etwas für sich und andere tun, dabei Freude empfinden und sich erfüllt fühlen. Das ist, bedenkt man es einmal, gar nicht so kompliziert. Sie schaffen das auch, und können das in jeder Phase wieder neu und anders angehen.

ÜBER DEN AUTOR

Attila Albert, geboren 1972, ist Kommunikationsexperte, Coach und Autor. Mit 17 begann er als Reporter zu arbeiten, ist bis heute als Kolumnist tätig und berät Unternehmen und Führungskräfte. Er hat Betriebswirtschaft und Webentwicklung studiert sowie eine Coaching-Ausbildung in den USA absolviert. Im Redline Verlag erschienen von ihm bereits *Ich will doch nur meinen Job machen* (2022) und *Sorry, ihr nervt mich jetzt alle!* (2023).

www.attilaalbert.com

LITERATUREMPFEHLUNGEN

Albert, Attila: *Ich will doch nur meinen Job machen: Warum man am Arbeitsplatz nicht immer gleich die Welt retten und mit allen befreundet sein muss.* Redline Verlag, München, 2022

Glaubitz, Uta: *Der Job, der zu mir passt: Das eigene Berufsziel entdecken und erreichen.* Campus Verlag, Frankfurt am Main, 1999

Grassl, Johannes: *Geld verdienen ist das wenigste: Wie Sie nicht nur im Beruf, sondern als Mensch erfolgreich sind.* 2023

Gulder, Angelika: *Finde den Job, der dich glücklich macht: Von der Berufung zum Beruf.* Campus Verlag, Frankfurt am Main, 2004

Hamm, Ingo: *Sinnlos glücklich: Wie man auch ohne Purpose Erfüllung bei der Arbeit findet.* Vahlen Verlag, München, 2021

Jost, Tobias: *Mission Traumjob. Mehr Spaß, mehr Geld, mehr Leben – So kriegst du den Job, der dich glücklich macht.* Riva Verlag, München, 2022

Maslow, Abraham H.: *Motivation und Persönlichkeit.* Rowohlt Verlag, Hamburg, 1981

Miller, Donald: *Held in eigener Mission. Wie man sein Leben in die Hand nimmt und neu durchstartet.* Redline Verlag, München, 2022

Nawatzki, Jürgen: *Mit Selbstcoaching zum Traumjob: Wie Sie in fünf Schritten Ihre wahre Berufung entdecken und umsetzen.* Springer Gabler Verlag, Wiesbaden, 2013

Nützel, Nicole: *Checkpoint Traumjob: Dein Weg zur erfolgreichen Bewerbung und zu einem erfüllten Berufsleben – in über 100 Infografiken.* Redline Verlag, München, 2024

Schwemmle, Martin und Thal, Klaudia: *Sinnovate Your Life: Mit Methode zu mehr Sinn im Leben.* Campus Verlag, Frankfurt am Main, 2024

Sher, Barbara: *Ich könnte alles tun, wenn ich nur wüsste, was ich will.* DTV Verlagsgesellschaft, München, 1994

Stephens-Davidowitz, Seth: *Warum Sie Ihrem Bauchgefühl weniger trauen sollten … und nur Daten helfen, herauszufinden, was man wirklich will.* Redline Verlag, München, 2023

Wehrle, Martin: *Geheime Tricks für mehr Gehalt: Ein Chef verrät, wie Sie Ihren Chef überzeugen.* Goldmann Verlag, München, 2013

STICHWORTVERZEICHNIS